Bibliothèque Populaire,

ou

L'INSTRUCTION

MISE A LA PORTÉE DE TOUTES LES CLASSES
ET DE TOUTES LES INTELLIGENCES.

PAR MM. ARAGO, ARSENNE, AUBERT DE VITRY, ALEX.
BARBIÉ DU BOCAGE, E. DE BASSANO, J. P. DE BÉ-
RANGER, S. BÉRARD, ALEX. DE LABORDE, H. BOU-
LAY DE LA MEURTHE, BORY DE SAINT-VINCENT, BRES-
CHET, BRIERRE DE BOISMONT, BURETTE, CHANUT,
CHARDIN, F. CUVIER, P. J. DAVID. DARCET, DARTHE-
NAY, FERDINAND DENIS, DEGÉRANDO, DROUINEAU,
CHARLES DUPIN, FRANÇAIS DE NANTES, GALLE, GASC,
GAY-LUSSAC, GEOFFROY-SAINT-HILAIRE, HUZARD,
JOMARD, DE JOUY, ADRIEN ET LAURENT DE JUSSIEU,
LAS-CASES, DOMINIQUE ET VICTOR LENOIR, FRAN-
CISQUE MICHEL, DE MIRBEL, ORFILA, LOUIS ET PAU-
LIN PARIS, PARISOT, PIROLLE, DE PRONY, SAINTE-
BEUVE, VILLERMÉ, LISTER, MARTIN, L'ABBÉ HUN-
KLER, H. THIBAUD.

ET

AJASSON DE GRANDSAGNE,

CHARGÉ DE LA DIRECTION.

NOMS DES FONDATEURS.

M. le marquis Aguado (fondateur principal).
M. Ajasson de Grandsagne. — M. Baring.
Le duc de Bassano (pair de France).
M. Beaunier (inspecteur des mines).
M. S. Bérard (député).
M. H. Boulay de la Meurthe.
M. Boullay (de l'Acad. Roy. de Médecine).
M. Caignet. — Le marquis de Chateaugiron.
M. Chaulet (agent de change).
M. le duc de Choiseul.
M. Collot (directeur de la Monnaie).
M. Darcet (de l'Institut).
M. P.-J. David (de l'Institut).
M. Ambroise-Firmin Didot. — M. Duriez.
M. Duris-Dufresne (député).
Le comte Français de Nantes (pair de France).
M. Gall aîné (de l'Institut). — M. Ganneron.
M. Gasc. — M. Gay-Lussac.
M. Jomard (de l'Institut).
Le comte Alexandre de Laborde (député).
M. J.-B. Laffitte.
Le comte Alexandre de La Rochefoucault.
M. Lemaire aîné (d'Angers).
M. Dominique Lenoir.
M. Letellier (inspecteur des ponts et chaussées).
M. Malpièce, architecte du gouvernement.
Le général Mathieu Dumas (pair de France).
M. Odiot père. — M. Panckoucke.
Le baron de Prony (de l'Institut).
Le comte Réal (conseiller d'état à vie).
M. Amédée de Richebourg (pair de France).
Le baron Rodier. — Lord Seymour.
M. Teissier (d'Altorff).
Mlle Juliette de Villeneufve.

TRAITÉ ÉLÉMENTAIRE

DE

PHYSIQUE,

D'APRÈS
M. GAY-LUSSAC,

MEMBRE DE L'INSTITUT, PROFESSEUR A L'ÉCOLE
POLYTECHNIQUE, etc., etc.

PAR

M. Auguste CHEVALIER,

UN DE SES ANCIENS ÉLÈVES.

———

Paris,

RUE ET PLACE ST.-ANDRÉ-DES-ARTS, N. 30.

—

1833.

SÈVRES. — IMPRIMERIE DE J.-L. JOLY,
RUE VAUGIRARD, N° 14.

TRAITÉ ÉLÉMENTAIRE

DE

PHYSIQUE.

CHAPITRE Ier.

Les changemens ou *phénomènes* que présentent les différens *corps* de la nature sont de deux espèces : tel changement altère profondément les parties d'un corps; tel autre ne fait que modifier le corps, sans l'altérer profondément : la *physique* s'occupe de ces derniers phénomèmes; les premiers sont du domaine de la *chimie*.

Il y a un rapprochement très grand entre ces deux sciences; car, presque toujours, tel phénomène *physique* est suivi d'un phénomène *chimique*, et réciproquement.

On appelle *matière* tout ce qui paraît étendu, pesant, et qui produit en nous un certain nombre de sensations ; ainsi, tout ce qui nous fait éprouver une certaine résistance pour le déplacer, pour le soulever; qui nous paraît par conséquent pesant, qui nous paraît terminé, qui produit certaines sensations sur le sens du goût, de l'odorat, etc., est ce qu'on appelle de la *matière*.

Le mot *corps*, pris généralement, peut être aussi employé comme synonyme de matière; cependant il désigne quelque chose de moins vague.

Les *propriétés* des corps sont de deux espèces; les unes *particulières*, c'est-à-dire qui n'appartiennent qu'à un certain nombre, plus ou moins limité, de corps, ou qui varient d'un corps à un autre, comme l'odeur, la couleur, etc.; les autres *générales*, c'est-à-dire que l'on retrouve dans tous les corps.

Propriétés générales des corps. — Les propriétés générales des corps sont : l'étendue, l'impénétrabilité, la mobilité, la divisibilité, la porosité, l'inertie, la pesanteur et l'attraction. Parmi ces propriétés générales, deux seulement, l'étendue et l'impénétrabilité, sont essentielles à la matière : sans elles on ne conçoit pas l'existence des corps.

De l'étendue. — Tout corps a besoin d'occuper une certaine étendue de l'espace universel; voilà ce que l'on entend par étendue : cette étendue, envisagée par rapport à ses trois dimensions, longueur, largeur et profondeur, s'appelle le volume des corps.

De l'impénétrabilité. — La propriété qu'a chaque corps d'occuper une certaine portion de l'espace exclusivement à tout autre s'appelle impénétrabilité. Quand un second corps occupe la même place c'est que le premier a été déplacé.

L'étendue et l'impénétrabilité sont indispensables à la matière, et suffisent *toutes deux* pour la caractériser : nous disons toutes deux, car une seule

ie suffit pas ; par exemple , l'ombre a de l'éten-
lue, et cependant elle n'est pas matérielle.

De la porosité. — Les parties matérielles, ou
les *molécules* qui composent les corps, ne sont pas
disposées les unes à côté des autres dans un contact parfait ; elles sont séparées par de petits espaces que l'on nomme *pores.* Ceux-ci sont remplis
d'eau , d'air ou de tout autre fluide : c'est pour
cette raison que beaucoup de corps , comme la
pierre à bâtir , le grès , le buis , quoique secs à
leur surface extérieure, perdent ensuite plus ou
moins de leur poids par une dessication plus ou
moins prolongée, et cela à cause de l'évaporation
de l'eau contenue dans leur intérieur. C'est par
les pores de la peau que la transpiration s'exhale
pour former la sueur.

Le sucre jeté dans l'eau se couvre de bulles
d'air qui montent bientôt à la surface du liquide :
ces bulles sortent des pores du sucre à mesure
qu'il se fond. Dans certains corps, comme les métaux, le verre, le marbre, etc., la porosité ne peut
pas être rendue sensible autant que dans le grès,
le sucre , l'éponge , etc.; mais elle n'y existe pas
moins : tous ces corps augmentent de volume par
la chaleur, et se contractent par le froid ; ainsi
les molécules de ces corps ne se touchent pas,
puisqu'elles peuvent être plus ou moins rappro-
chées.

La notion de la porosité sert à expliquer certains phénomènes qui , examinés légèrement ,
pourraient faire douter de l'impénétrabilité des
corps. Ce sont les combinaisons chimiques surtout qui offrent les phénomènes de pénétrabilité
apparente : ainsi l'esprit de vin et l'eau occupent,

après leur mélange, un volume moindre que la somme des volumes de chacun de ces liquides : cela vient de ce que, dans le mélange, les molécules d'eau et d'esprit de vin se rapprochent de manière que les interstices qui étaient entre elles se trouvent diminués.

On appelle *masse* d'un corps la somme totale des parties matérielles qu'il renferme; et le rapport de la masse au volume s'appelle *densité* : plus ce rapport est grand, plus la densité est grande.

Un corps est donc d'autant plus dense qu'il comprend un plus grand nombre de parties matérielles sous un même volume. Un morceau de liége peut avoir plus de masse qu'un morceau d'or; le premier peut peser dix livres tandis que le métal n'en pèsera qu'une; mais l'or aura cependant plus de densité, parce que si les volumes sont égaux, l'or pèsera beaucoup plus. Sa densité sera donc plus grande; en d'autres termes, le corps qui sous un plus petit volume pèse le plus est le plus *dense*. Ainsi, par exemple, un décimètre cube d'eau ou un litre pèse deux livres, un litre de mercure pèserait 27 livres; la densité du mercure est donc treize fois et demie celle de l'eau.

De la divisibilité. — En examinant un corps, on peut le concevoir partagé en deux, par la pensée; chaque moitié encore en deux, et ainsi de suite, jusqu'à l'infini; de sorte que, mathématiquement parlant, il n'y a pas de limites à la division de la matière; mais quand on passe aux moyens mécaniques pour diviser la matière, il y a des limites au-delà desquelles on ne peut aller. Cependant cette division peut être poussée très loin : ainsi, par exemple, un centigramme d'indigo (le centigramme est la centième partie d'un gramme, et il faut 500 grammes pour faire une livre) donne une teinte bleue assez forte à cent mille grammes d'eau (100 litres); mais chaque gramme peut être facilement divisé en mille parties ; de sorte qu'un centigramme d'indigo est divisible en cent millions de parties. On comprend mieux encore par l'odorat la divisibilité de la matière; car nous ne sentons une substance que parce qu'il se détache d'elle des parties qui viennent frapper l'organe de l'odorat : or, à quel degré le musc, par exemple, n'est-il pas divisible, puisqu'une faible quantité se fait sentir , dans une chambre spacieuse , pendant plusieurs années , sans que le poids de cette substance soit sensiblement diminué? Et cependant l'air, en se renouvelant, emporte les particules odorantes, qui se dégagent sans cesse, puisque la chambre en est continuellement remplie. — Les métaux offrent aussi l'exemple d'une bien grande divisibilité : le batteur d'or réduit ce métal en feuilles tellement légères, que le moindre souffle les met en mouvement, etc.

De l'inertie. — C'est la propriété qu'ont les corps de ne pouvoir apporter par eux-mêmes aucun changement à leur état de repos s'ils sont immobiles et de mouvement s'ils sont en mouvement.

De l'attraction. — Tous les corps de la nature ont la propriété de s'attirer les uns les autres : l'effet de leur attraction mutuelle n'est pas sensible , à cause de la *pesanteur*, qui est l'attraction exercée par la masse de la terre sur tous les corps, et qui est beaucoup plus grande que ces attractions mutuelles. Lorsque l'attraction s'exerce à des distances considérables, elle s'appelle plus particu-

1.

lièrement *gravitation* : c'est celle qui est exercée
par le soleil sur les planètes, et par les planètes
sur leurs satellites. — Il y a une autre espèce d'attraction qui ne s'exerce qu'à des distances très
petites, et qu'on appelle attraction *moléculaire*,
affinité, *cohésion* ; c'est l'attraction qui donne
lieu aux phénomènes de la chimie ; en vertu de
laquelle les corps se combinent.

De la mobilité.— C'est la faculté qu'a un corps
d'être transporté d'un lieu à un autre : cette propriété appartient à tous les corps, puisqu'il n'y a
pas de corps qui ne puisse être mis en mouvement
par une cause quelconque, qu'on nomme *force*.

On distingue trois espèces de corps dans la nature ; les corps *solides*, les corps *liquides* et les
corps *gazeux* : dans les premiers, les molécules
sont plus ou moins fortement serrées les unes
contre les autres, et il faut un certain effort pour
les séparer ; dans les seconds, les molécules roulent facilement les unes autour des autres, et peuvent être séparées sans peine : dans les *gaz*, enfin,
non-seulement les molécules roulent facilement
les unes autour des autres, mais encore elles sont
douées d'une certaine force d'expansion ; c'est-à-
dire qu'elles font sans cesse un effort pour s'éloigner les unes des autres. L'air est le mélange de
deux gaz, oxigène et azote.

Si l'on a une certaine masse de liquide ou de
gaz, et qu'on exerce une certaine pression dans
un sens, cette pression sera transmise *la même*
dans toute la masse du liquide ou du gaz.

Les liquides sont appelés aussi *fluides incom-
pressibles;* mais cette expression est vicieuse ; car

les liquides comprimés diminuent de volume,
d'une très petite quantité à la vérité; mais enfin
d'une quantité notable : des expériences ont été
faites à ce sujet par des physiciens habiles, et
cette compressibilité n'est plus douteuse.

Nous avons dit, en parlant des liquides, que
leurs molécules étaient très mobiles, et qu'elles se
séparaient facilement les unes des autres; néan-
moins il existe entre elles une certaine adhérence, qui est très faible, mais qui cependant est
assez forte pour faire que les molécules liquides
abandonnées à elles-mêmes s'arrangent en petites
gouttes rondes : c'est pour cela que l'argent vif,
ou mercure, lorsqu'il est divisé sur une table,
s'arrange en petites sphères ou boules.

On a fait une heureuse application de cette
propriété des corps à l'état liquide de former, en
tombant, de petites sphères, dans la fabrication
du plomb de chasse : après avoir fait fondre du
plomb, on le fait tomber sur un balai mouillé,
ou bien sur un crible, pour le diviser; il se forme
en petites boules, et la hauteur d'où il tombe est
suffisante pour qu'il ait le temps de se solidifier
en tombant.

Principe d'Archimède. — Lorsqu'un corps est
plongé dans un liquide, il est poussé, par ce liquide, de bas en haut, avec une force égale au
poids du liquide qu'il déplace : c'est pour cela
qu'un corps plongé dans l'eau exige moins d'effort pour être soutenu. La force que le liquide
exerce contre le corps s'appelle la *poussée* du liquide. Si le corps pèse moins que l'eau, la poussée l'emportera sur son poids, et le forcera de remonter, jusqu'à ce qu'il ne déplace qu'une quan-

tité d'eau égale à son poids. Ce principe a été donné et démontré par le célèbre *Archimède* (*voir* dans la *Mécanique*, l'*hydrostatique*, pour de plus grands détails); il s'applique aux gaz aussi bien qu'aux liquides.

Les gaz , avons-nous dit, sont une réunion de particules très mobiles pouvant prendre toutes les formes qu'on veut, et douées d'une force *expansive* en vertu de laquelle elles tendent sans cesse à s'écarter les unes des autres. Les gaz peuvent être comprimés, et si, après les avoir comprimés, on enlève la force qui les pressait, ils reprennent le volume qu'ils avaient auparavant; ils sont donc *élastiques ;* c'est pour cela que les gaz s'appellent fluides élastiques, et aussi fluides *compressibles*. C'est d'ailleurs ce que l'on peut montrer par une expérience très simple, qui n'est autre chose que celle des briquets pneumatiques. (*Fig.* 1)

Soit un tube fermé par un de ses bouts, et dans lequel on introduit un piston : si l'on presse ce piston avec la main , l'air renfermé dans le tube est comprimé, et il peut être réduit d'une quantité considérable ; mais si la main cesse de presser sur le piston , le fluide, en vertu de la force répulsive de ses molécules , revient aussitôt au volume qu'il occupait primitivement. — Si l'on exerce avec la main ou autrement une pression forte et subite sur le piston , l'air sera comprimé tout à coup et produira une flamme; si l'on a eu soin de fixer un peu d'amadou au bout du piston , il s'enflammera.

L'air est pesant ; pour le prouver, on pèse un ballon de verre dont on a enlevé l'air avec la machine pneumatique, que nous connaîtrons plus tard ; on pèse encore le même ballon dans lequel on a fait rentrer de l'air, et l'on trouve une différence qui est le poids de l'air : des expériences ont démontré que l'air pèse 770 fois moins que l'eau, sous le même volume : ainsi, un litre d'eau pesant 1,000 grammes, un litre d'air pèserait à peu près 1 gr. 30 centigr. L'expérience de tous les jours montre d'ailleurs que l'air est un corps matériel et par conséquent qu'il est pesant comme toute matière. Par suite, lorsqu'on veut faire mouvoir un corps présentant une grande surface, on éprouve beaucoup de peine à cause de la résistance de l'air ; un moulin à vent ne se meut que par le mouvement de l'air ; or il est évident qu'une masse aussi considérable qu'un moulin ne peut être mue sans une cause matérielle, et l'on peut juger, par les effets, de la grandeur de la cause. C'est encore l'air qui fait mouvoir les navires, qui forme les ouragans, les tempêtes, etc., etc.

Baromètre.

Pendant long-temps la pesanteur de l'air a été méconnue ; c'est seulement depuis l'invention du baromètre, en 1643, par Toricelli, disciple de Galilée, qu'il n'y a plus eu de doute à cet égard. La découverte du baromètre est une des plus belles et des plus utiles que l'on ait faites en physique. Jusque-là on n'avait que des notions très vagues sur les phénomènes naturels, et on avait recours, pour leur explication, à des causes désignées sous le nom de *causes occultes* (cachées). Depuis la découverte du ba-

romètre on consulta beaucoup plus l'expérience,
et de cette époque date, pour ainsi dire, l'origine
de la nouvelle physique.

Puisque l'air est un corps pesant et que l'atmosphère enveloppe tout le globe terrestre, il
s'ensuit que chaque point du globe se trouve
pressé par lui ; cette pression doit être considérable, puisque la hauteur de l'atmosphère est au
moins de quatorze lieues : il est vrai que la condensation des couches d'air diminue à mesure
qu'on s'élève au-dessus de la terre, et que, par
conséquent, le poids exercé par ces couches est de
plus en plus léger à mesure qu'elles sont plus
hautes.

Le baromètre donne avec précision la pression exercée par l'air : voici, en quoi il consiste
dans sa plus grande simplicité. On prend un
tube d'environ trois pieds, fermé par un bout
et ouvert par l'autre ; on le remplit de mercure ;
on met son doigt dessus, et on le renverse ainsi
(en tenant toujours l'ouverture bien fermée avec
le doigt) dans une petite cuvette pleine de
mercure ; le mercure, comme corps pesant, tend
à tomber, et il exerce sur le doigt une pression qui est considérable. (*Fig. 2.*)

Si, après avoir plongé l'extrémité du tube dans
la cuvette à mercure, on ôte le doigt, le mercure descend d'une certaine quantité ; mais il ne
va pas jusqu'en bas, il reste en grande partie
dans le tube, et laisse au-dessus de lui un
espace A B, complétement vide. (Si l'on a eu
soin toutefois de prendre du mercure bien pu-
rifié, et de chauffer le tube après qu'il a
été rempli, pour en chasser l'humidité et l'air

qui adhèrent aux parois du verre.) L'espace A B s'appelle *vide barométrique* ou *chambre barométrique*.

De ce que la colonne de mercure est pesante, et que cependant elle ne tombe pas, on en conclut qu'elle est soutenue par les pressions extérieures de quelque chose : ce quelque chose ne peut être que l'air qui pèse sur la surface du mercure de la cuvette ; c'est lui qui maintient le liquide à une hauteur de 28 pouces environ, dans le tube.

Plus la colonne d'air qui presse sur le mercure aura de poids, plus le mercure montera ; dans le cas où la colonne d'air diminuerait de poids, le mercure descendrait. On voit donc que l'instrument que nous venons d'indiquer est éminemment propre à mesurer les variations de pression dans l'atmosphère, et le nom de *baromètre* qu'il porte, signifie *mesure du poids, de la pesanteur*.

Pour compléter cet instrument, il faut pouvoir mesurer la longueur de la colonne de mercure. Pour cela, on a une échelle divisée en centimètres ou en pouces, sur laquelle on applique le baromètre, de manière que le zéro ou point de départ de l'échelle touche la surface même du mercure dans la cuvette.

Mais on conçoit que si la pression atmosphérique vient à éprouver des variations notables en plus ou en moins, la surface du mercure va baisser ou hausser dans la cuvette ; dès lors le zéro de l'échelle ne sera plus au niveau, et l'on ne pourra plus lire la véritable hauteur de la colonne de mercure. On remédie à cet incon-

vénient en donnant à la cuvette une large surface, parce qu'alors la quantité de mercure qui
monte ou qui descend dans le tube ne change pas
sensiblement le niveau de la cuvette. Cela suffit
quand on ne veut pas avoir une grande précision dans les observations que l'on fait sur le
baromètre; mais il est des expériences de physique où les hauteurs du baromètre doivent être
scrupuleusement notées; dès lors le *baromètre
à cuvette* tel que nous venons de l'indiquer ne
pourrait servir.

On a cherché à remédier à l'inconvénient qui
résulte des variations de niveau, de beaucoup
de manières; il y a peut-être cinquante baro-
mètres différens, tant pour la construction de la
cuvette que pour le haut de l'instrument : le
meilleur de tous est, sans contredit, celui de
M. Fortin. Cet instrument peut être transporté
en voyage, et donne des indications on ne peut
plus précises. Il est à niveau constant. Pour obtenir ce résultat, l'auteur a placé au-dessus du
mercure de la cuvette, une pointe d'ivoire qui
plonge dans le métal si celui-ci descend du tube
en grande quantité, et qui s'en éloigne si le mercure a au contraire monté dans le tube. On ré-
tablit le niveau constant au moyen d'une vis
de pression qui fait à volonté monter ou descendre le fond mobile de la cuvette à mercure jusqu'à ce que la pointe d'ivoire ne fasse plus qu'ef-
fleurer le liquide métallique. C'est là le point
d'où l'on part pour toutes les observations.

Il existe une autre espèce de baromètre qu'on
appelle *baromètre à siphon*; le tube est fermé
par le haut, recourbé ensuite : la petite branche
est ouverte à son extrémité. Ce baromètre est

représenté (*fig.* 3). L'air, en pressant par
l'ouverture de la petite branche, maintient le
mercure de la grande branche à une hauteur de
28 pouces environ au-dessus du niveau du mercure de la petite. Une échelle graduée permet
d'avoir à chaque instant la hauteur de la colonne barométrique.

Un tel baromètre ne peut servir que dans une
chambre ; on ne pourrait le transporter en
voyage. M. Gay-Lussac en a inventé un qui
réunit toutes les conditions pour être facilement
portatif et pour donner rapidement des indications précises.

Cet instrument a la forme indiquée (*fig.* 4);
c'est un baromètre à siphon , dans lequel une
partie A B du tube est très étroite ; en outre la
petite branche n'est pas ouverte comme dans le
baromètre à siphon ordinaire ; il y a seulement
une petite ouverture extrêmement fine O , par
laquelle l'air s'introduit et exerce sa pression ;
le mercure ne pourrait passer au travers. Les
modifications que nous venons d'indiquer sont
très importantes, car elles rendent le baromètre
portatif d'une manière très commode ; on le
renverse pour éviter les mouvemens, de la colonne supérieure , et le petit tube A B est tellement fin que l'on n'a pas à craindre qu'en re-
tournant le baromètre, l'air remonte dans la
chambre barométrique. D'un autre côté, la petite ouverture ne permet pas au mercure de
sortir. Ce baromètre se met ordinairement dans
une canne, sur laquelle est une échelle qui indique les hauteurs de la colonne de mercure.

Baromètre a cadran.

Le baromètre à cadran est celui dont on se sert pour connaître si le temps sera beau, pluvieux ou variable : il né diffère du baromètre à siphon qu'en ce que, au-dessus de la plus courte branche, se trouve une petite poulie P. parfaitement mobile et dont le centre est fixé à celui (*fig.* 5) d'un cadran derrière lequel est attaché le baromètre. Cette poulie porte une aiguille destinée à parcourir les divisions du cadran ; sur la circonférence de cette poulie est enroulé un fil dont les deux extrémités portent deux petits poids, qui se font équilibre ; il en est un qui pose légèrement sur la surface du mercure de la petite branche, sans jamais le déprimer, et suit toujours ses mouvemens. Quand le mercure s'abaisse dans la branche ouverte et s'élève dans l'autre, c'est-à-dire quand l'atmosphère augmente en pesanteur, ce petit poids descend avec le mercure, le contre-poids s'élève et l'extrémité de l'aiguille occupe la partie supérieure du cadran. Quand le mercure s'élève dans la plus courte branche et s'abaisse dans l'autre, le petit poids doit monter avec lui, le contrepoids descendre et l'aiguille se placer dans la partie inférieure du cadran ; enfin, quand le mercure est à une hauteur moyenne, c'est-à-dire quand le poids de l'atmosphère est moyen lui-même, l'aiguille prend une position intermédiaire. Comme, par une longue suite d'observations, on a vu que lorsque le mercure monte ou descend dans le baromètre, c'est ordinairement un signe de beau ou de mauvais temps, on a marqué *mauvais temps* le point le moins élevé du cadran, *beau temps* le point le plus élevé, et *variable* le point intermédiaire.

Le mercure étant un corps très pesant, on conçoit comment une colonne de 28 pouces représente le poids d'une colonne d'air depuis la surface de la terre jusqu'au sommet de l'atmosphère, surtout si l'on réfléchit que les couches d'air, à mesure qu'on s'élève, sont de moins en moins condensées, et qu'elles finissent par être extrêmement dilatées dans les régions supérieures. L'eau étant moins pesante que le mercure, il en faut une colonne plus haute pour faire équilibre à la pression de l'atmosphère ; cette colonne est d'environ 32 pieds. Un baromètre à eau aurait donc trente-deux pieds de hauteur.

D'après cela, on voit que la seule pression de l'atmosphère est très forte sur tous les corps placés à la surface de la terre. Si nous considérons, par exemple, la pression que supporte un décimètre carré (c'est un carré qui aurait environ 3 pouces et 1/2 de côté), elle est équivalente à une colonne d'eau qui aurait pour base le carré dont nous venons de parler, et pour hauteur 32 pieds ; ce qui équivaut à 206 livres.

Si nous cherchons à nous représenter quelle est la pression exercée sur l'homme par l'atmosphère, nous serons effrayés du poids énorme qu'il supporte sans s'en apercevoir. Un homme d'une haute stature a une surface qu'on peut évaluer à 200 décimètres carrés. Or chaque décimètre supporte 206 livres; multipliant 200 par 206, nous aurons plus de 40 milliers de livres pour la pression que l'homme supporte. Un homme de petite taille, dont la surface peut être évaluée à 150 décimètres carrés, supporte sur tout son corps, une pression qui est égale à environ 30 milliers de livres.

Le corps est ainsi pressé de toutes parts, et cependant nous ne sentons pas la pression; cela vient de ce que dans les parties où il y a des cavités, comme dans la poitrine, il y a de l'air qui lui-même exerce intérieurement de dedans en dehors une pression justement égale à celle qui est exercée de dehors en dedans. Dans les parties où il y a des liquides, comme ils sont très peu compressibles, ils resistent eux-mêmes à la pression qu'ils supportent. Voilà pourquoi le corps n'est point affaissé sous ce poids si considérable qui le charge.

Une objection que l'on se fait au premier abord, lorsqu'on n'est pas encore familiarisé avec la physique, c'est que le baromètre placé dans un appartement ne doit pas mesurer le poids de l'atmosphère puisque toute l'atmosphère n'est pas au-dessus de lui. Voici comment il faut concevoir ce qui se passe dans ce cas : nous avons vu que l'air, comme tous les corps gazeux, est compressible, mais aussi qu'il est élastique. Or, lorsqu'il est en équilibre sous une pression quelconque c'est que son élasticité résiste à la pression et lui est équivalente. L'air d'un appartement étant toujours en communication avec l'air extérieur, se trouve pressé de tout le poids des colonnes supérieures, et la condition pour qu'il soit en repos, en équilibre, c'est que son élasticité résiste à la pression extérieure et lui

soit équivalente. Cette élasticité s'exerce dans
toutes les parties de l'appartement, sur le baromètre comme aussi dans toutes les directions
possibles; c'est ce qui fait que quelque position
qu'on donne à un corps il sera pressé également
par l'air.

LOI DE MARIOTTE.

Étant donné un volumé d'air, si on le soumet
à des pressions de plus en plus grandes, son volume diminue de plus en plus. Pour une pression double, il diminuera de moitié; pour une
pression triple, il aura un volume qui sera le
tiers seulement du premier; et ainsi de suite:
cette loi trouvée par le physicien Mariotte porte
son nom; elle a été vérifiée par MM. Arago et
Dulong, qui ont constaté qu'elle se soutenait jusqu'aux pressions les plus fortes, équivalentes,
par exemple, à celles de vingt-quatre atmosphères*. Cette loi qui est vraie pour les pressions les
plus fortes, est vraie aussi pour les pressions les
plus faibles; ce qui revient à dire, que si l'on
diminue de plus en plus la pression, le volume
de l'air deviendra de plus en plus grand; cette

* Nous avons dit que la pression de l'atmosphère équi-
valait à une colonne de 28 pouces de mercure. On a
donné le nom d'*atmosphère* à cette colonne de mercure
ou à un poids d'égale pesanteur et pour exprimer qu'on
chargeait un corps de ce poids, on a dit qu'on le compri-
mait avec une atmosphère. Pour des poids doubles ou triples, on a dit deux ou trois atmosphères. Il y a des machines à vapeur dont les soupapes des chaudières sont
chargé d'un poids équivalent à trente atmosphères et même
on en a fait en Angleterre de plusieurs centaines d'atmosphères.

propriété vient de la tendance qu'ont les molécules de gaz à se repousser, à s'éloigner de plus
en plus les unes des autres.

La loi de Mariotte sert à faire comprendre
comment l'air est plus dilaté, moins pesant,
sous le même volume, à mesure qu'on s'élève
sur une montagne : en effet, la pression que
chaque couche supporté est moindre de tout le
poids des couches inférieures. Ceci est d'ailleurs
rendu sensible par le baromètre lorsqu'on monte
sur de grandes hauteurs. La diminution de la
colonne barométrique est même un moyen précieux pour déterminer avec précision la véritable hauteur à laquelle on se trouve au-dessus du
niveau de la mer, lorsqu'on s'élève dans un ballon ou sur une montagne. (Au niveau de la mer,
le baromètre marque 28 pouces.)

DES BALLONS.

Les ballons ou aérostats[*] sont des corps qui s'é-
lèvent dans l'air, parce qu'à volume égal ils pè-
sent moins que lui; nous savons que dans ce cas,
en vertu du principe d'Archimède, la poussée du
fluide force le corps qui y est plongé à s'élever
jusqu'à ce qu'il soit arrivé dans des régions où
son poids soit égal à celui du fluide déplacé.

Les premiers ballons furent construits par
Montgolfier en 1782; ils étaient formés d'une
enveloppe de papier remplie d'air dilaté. La
première expérience fut faite à Annonay, le 5 juin,
1783, en présence des états-généraux. Le physi-

* Le mot *aérostat* signifie *qui se soutient dans l'air.*

cien Charles imagina bientôt de substituer le gaz
hydrogène à l'air dilaté par la chaleur (le gaz
hydrogène, qui ressemble beaucoup au gaz que
l'on brûle pour l'éclairage, s'obtient en mettant
du fer dans de l'eau et versant dessus de l'huile
de vitriol ou acide sulfurique); il substitua aussi
une enveloppe de taffetas verni, aux enveloppes
de papier. Ces innovations furent très heureuses,
elles donnèrent aux ballons une plus grande so-
lidité et une force ascensionelle plus considérable, car le gaz hydrogène pèse treize fois moins
que l'air, tandis qu'en dilatant celui-ci, il ne
perd que 174 environ de son poids, pour 100 degrés de chaleur.

Les ballons ont une forme à peu près sphérique : à la partie supérieure se trouve une soupape retenue par un ressort et qui peut s'ouvrir
au moyen d'une corde qui descend jusqu'à la
nacelle; le ballon est recouvert par un filet dont
les cordons soutiennent une nacelle en osier, dans
laquelle peuvent être enlevées plusieurs personnes. Quand on quitte la terre, on ne remplit le
ballon qu'à moitié, et on se munit de lest (ce
sont des sacs remplis de sable). A mesure que le
ballon s'élève, il se gonfle; ce qui prouve que les
molécules du gaz renfermé dans le ballon se repoussent, et aussi que la compression des couches d'air diminue lorsque l'on monte. Le
gaz se dilate ainsi à mesure que le ballon s'élève,
et il arrive un instant où l'enveloppe finirait par
se briser, si l'on n'ouvrait la soupape. Alors le
ballon perdant du gaz qui le fait monter, s'arrête
ou redescend suivant qu'on tient la soupape ouverte plus ou moins long-temps. On peut ainsi

redescendre à volonté, même jusqu'à terre ;
mais lorsqu'on approche, on jette du lest pour
diminuer ainsi le poids du ballon et empêcher
son mouvement de descente d'être trop rapide.
Il est facile de remonter en jetant beaucoup de
lest.

Les voyages en ballon les plus importans sont
ceux de MM. Gay-Lussac et Biot en 1805, et
celui de M. Gay-Lussac, le 29 fructidor an XII.
Dans le premier, les deux célèbres physiciens s'é-
levèrent à 4,000 mètres; dans le second, M. Gay-
Lussac s'éleva à 7,000 mètres, hauteur à laquelle
l'homme n'était jamais parvenu. Le baromètre
qui, au lieu du départ était à $0^m.76^c$ (28 pouces),
descendit à $0^m.32$ (14 pouces), au point le plus
élevé de l'ascension, c'est-à-dire à $7,000^m$ et
le thermomètre, qui était à 27° 5?, descendit jusqu'à 9 degrés au-dessous de glace. Dans ce voyage, M. Gay-Lussac recueillit dans des flacons l'air
des hautes régions de l'atmosphère, que l'on a
prouvé être composé des mêmes principes que
celui qui est à la surface de la terre.

DU VIDE.

L'air étant un corps subtil et répandu partout,
on a souvent besoin dans beaucoup d'expériences
de physique de l'extraire de certains vases, en
un mot de faire le *vide* dans ces vases. Le vide
le plus parfait que l'on puisse obtenir est sans
contredit celui qui se trouve au sommet du baromètre.

Imaginons (*fig.* 6) que l'on veuille faire le vide
dans un vase V : voici le principe sur lequel sont
fondées les machines qui servent à faire le vide.

et qu'on appelle *machines pneumatiques*[*]. Le
vase V communique par un tuyau de conduite
à un cylindre; à l'extrémité du tuyau est une soupape S' qui s'ouvre quand elle est pressée en-des-
sous dans le sens qu'indique la petite flèche. Dans
le cylindre, qui est creux, se meut un corps
PAB, qu'on nomme piston; il s'ajuste parfaitement dans le cylindre creux, et il a une soupape
S qui s'ouvre dans le même sens et de la même
manière que la première. Si l'on presse sur la
tête du piston, avec la main, l'air compris entre
le piston et la base CD du cylindre sera foulé, et
par son ressort, il forcera la petite soupape S à
s'ouvrir et s'échappera à l'extérieur; d'ailleurs
la soupape S fermera exactement l'ouverture du
tuyau de conduite. Cela fait, si l'on élève le piston,
la soupape S restera fermée par la pression extérieure, et il laissera le vide dans l'espace qu'il
quittera; mais aussitôt, l'air qui est contenu
dans le vase, en raison de sa force élastique qui
le détermine à se précipiter dans les endroits où
il trouve moins de résistance, va venir se répan-
dre dans l'espace vide, de manière que la force
élastique de l'air qui reste dans le vase soit égale
à la force élastique de l'air qui s'est précipité
dans le cylindre.

Jusqu'ici le vide n'est fait qu'en partie; l'air
du vase a été seulement dilaté; si l'on abaisse de
nouveau le piston, les mêmes circonstances que
nous venons de décrire vont se reproduire et

---

[*] *Pneuma* en grec signifie *air*, et *pneumatique* qui est
relatif à l'air. Une pompe ou machine pneumatique est
donc une pompe à air.

.l'air sera encore plus dilaté, plus raréfié; par des allées et des venues successives du piston on retire, chaque fois, une certaine quantité d'air, mais on voit qu'on ne pourra jamais tout l'extraire quoi qu'on fasse; il en restera toujours une quantité aussi faible que l'on voudra, mais qui ne sera pas nulle.

Les machines pneumatiques dont on se sert dans les cabinets de physique sont plus commodes que celle que nous venons d'indiquer, mais elles n'ont pas d'autre principe de construction. Elles ont deux cylindres au lieu d'un; les tiges des pistons sont à crémaillère et s'engrènent sur un pignon, de sorte que quand l'un monte l'autre descend. Cette disposition permet de faire le vide plus promptement et plus commodément que si l'on n'avait qu'un seul corps de pompe.

(La figure 6 *bis* représente une de ces machines.)

DES POMPES A EAU.

On distingue deux espèces de pompes : la *pompe aspirante fig.* 7, et la *pompe aspirante et foulante fig.* 7 *bis*.

Nous en parlons ici par ce qu'elles sont fondées sur le même principe que les machines pneumatiques : ce sont toujours des pistons dont les allées et les venues chassent l'air des corps de pompe et tuyaux d'aspiration (on appelle corps de pompe le cylindre où se meut le piston, et tuyau d'aspiration, le tuyau plus mince qui plonge dans le réservoir d'eau). Quand on abaisse les pistons, les soupapes S s'ouvrent dans les deux figures pour laisser écouler l'air d'abord, et ensuite laisser passer l'eau lorsqu'elle est arrivée à leur hauteur. Quand, au contraire, on élève les pistons, les soupapes S' se ferment, et les soupapes S s'ouvrent pour laisser passer l'air du tuyau d'aspiration, et ensuite pour laisser passer l'eau. L'ascension de l'eau est due à la pression de l'air sur le réservoir d'eau ; pression qui n'est plus combattue par l'élasticité de l'air intérieur de la pompe, lorsqu'on l'a dilaté par le jeu du piston.

Avant que Toricelli eût calculé la pression de l'air, on savait que l'eau pouvait s'élever à une hauteur de 32 pieds, dans les pompes dont on se servait depuis un temps immémorial, et pour expliquer ce phénomène, on disait que la nature avait horreur du vide ; mais on remarqua que l'eau ne s'élevait jamais au-delà de 32 pieds : alors il fallut en conclure que la nature n'avait horreur du vide que jusqu'à 32 pieds ; mais bientôt cette *cause occulte* fut rendue claire par l'expérience de Toricelli, de laquelle résulta le baromètre.

DU SIPHON.

On appelle *siphon* un tube recourbé en verre ou en métal, qui a pour objet de vider un vase contenant un liquide, sans que l'on soit obligé de percer le vase, ce qu'il est utile d'éviter en beaucoup de circonstances. (*Fig.* 8).

Soit un vase V qu'il s'agit de vider : on commence par remplir d'eau le siphon, en aspirant l'air avec la bouche, en faisant le vide, ce qui s'appelle *amorcer*, et nous remarquerons que, si, au lieu d'eau, on avait un liquide désagréable au goût, dangereux, corrosif, on se servi-

rait du siphon indiqué par la *fig. 8 bis ;* òn amor-
cerait en aspirant le liquide au moyen d'un
tuyeau additionnel AB. Le siphon étant amorcé,
on le renverse, en plongeant sa plus courte bran-
che-dans le liquide du vase, et aussitôt l'écoule-
ment commence par la plus longue branche dn
siphon, et ne s'arrête que lorsque le liquide á
baissé jusqu'au niveau de la petite.

Densité des corps. — L'expérience nous ap--
prend que les corps, sous le même volume, ne
contiennent pas la même quantité de matière ;
par exemple, si l'on prend un morceau de plomb
et un égal volume de liége, on trouve une différence extrêmement grande entre ces deux corps :
le plomb est plus *dense* que le liége. Déterminer
les densités des corps, c'est trouver les quantités
de matière renfermées dans ces corps soit solides,
soit liquides, soit gazeux, en les comparant sous
le même volume et dans les mêmes circonstances. Pour les corps solides et liquides, voici comment on s'y prend : on cherche combien de fois
le poids de chacun de ces corps contient le poids
de l'eau à volume égal, et si ce poids est deux,
trois ou quatre fois plus grand que celui de l'eau,
on en conclut que le corps dont il s'agit est deux,
trois ou quatre fois plus dense que l'eau. Pour les
gaz, on les compare, à volume égal, sous la même
pression, et au même degré de température, avec
l'air, et l'on en conclut de même les densités. Les
détails où il faudrait entrer pour expliquer davantage la détermination des densités nous en-
traîneraient trop loin : ceci suffit pour en donner
une idée.

CHAPITRE II.

DE LA CHALEUR.

On appelle chaleur la sensation que nous éprouvons à l'approche du feu; la cause de cette sensation s'appelle *calorique*. Le calorique est tellement subtil, que les recherches qui ont été faites jusqu'ici pour en constater la matérialité ont été vaines; aussi l'existence du calorique, comme substance, est encore très douteuse, et se trouve même niée par les physiciens les plus habiles : ils ont admis que le *calorique* était dû au mouvement vibratoire d'un fluide éminemment subtil, répandu dans tous les corps et dans tout l'espace; ce fluide, ils l'appellent *éther*. Lorsqu'il est en repos, le calorique n'est pas sensible; dans le cas contraire, le calorique est sensible, et d'autant plus que le mouvement de vibration est plus considérable. Nous verrons plus loin dans l'*acoustique* ce qu'on doit entendre par vibration.

On admet cependant encore, en général, que le calorique est composé de particules matérielles qui échappent à toute mesure de poids, qui peuvent pénétrer dans tous les corps, se combiner avec eux, et se mouvoir avec une vitesse énorme : d'après cela, le soleil ne nous échauffe que parce qu'il nous envoie des particules de calorique.

Quoique la première supposition sur la nature du calorique soit peut-être celle que plus tard on admettra exclusivement, nous nous contenterons de la seconde. D'ailleurs l'explication des phénomènes sera plus intelligible et le résultat des lois physiques est le même.

Parmi les agens de la nature, un des plus énergiques est sans contredit la chaleur. Au printemps,
en effet, lorsque le soleil la verse en plus grande
abondance qu'en hiver, elle ranime la végétation, qui était devenue languissante; les animaux
se montrent également sensibles à son action; et,
au milieu des glaces du nord, l'homme resterait
engourdi, et même il ne pourrait exister, si, par
une chaleur artificielle, il ne suppléait à celle que
la nature lui refuse. Appliquée aux corps, la chaleur augmente leurs dimensions dans tous les
sens, en longueur, largeur et profondeur : cette
augmentation s'appelle *dilatation;* portée à un
certain degré, elle opère la fusion des corps : la
glace, le soufre, etc., etc., exposés à l'action de
la chaleur, deviennent bientôt liquides. Tous les
corps (exceptés bien entendu ceux qui, comme
le bois se décomposent et brûlent à une basse
température) peuvent être fondus au moyen des
degrés de chaleur puissans que possèdent la physique et la chimie; ils peuvent même passer à un
état invisible, à celui de *vapeur* ou *fluide élastique.* Les corps qui, par une augmentation graduelle de chaleur, ont passé successivement à l'é-
tat de liquide et à l'état de vapeur, peuvent ensuite, par une diminution graduelle de chaleur,
être ramenés à leur premier état : c'est par ces
variations de chaleur qu'ont lieu une foule de
phénomènes; ainsi, l'eau élevée dans l'atmosphère par l'augmentation de chaleur retombe en
pluie lorsque cette chaleur l'abandonne, ou bien
en neige, ou même en grêle, si l'abaissement
de chaleur est suffisant pour cela.

C'est parce que les différens agens de la nature

sont, comme la chaleur, susceptibles d'augmentation et de diminution, que les corps ne parviennent jamais à un équilibre constant, qui serait la mort.

La chaleur varie à chaque instant dans les corps, et il est indispensable, dans une foule d'expériences, de comparer le degré de chaleur d'un corps, à un certain instant, avec celui qu'il avait à un autre moment donné, ou bien encore de comparer les degrés de chaleur de divers corps.

THERMOMÈTRES.

L'instrument qui sert à faire ces comparaisons s'appelle *thermomètre*, mot qui signifie *mesure de la chaleur*. Tout corps dont les variations, les changemens de volume, sont propres à faire connaître les variations de chaleur qui y correspondent, est un thermomètre. Il faut de très fortes chaleurs pour amener un changement notable dans les dimensions d'un corps solide. Les liquides sont beaucoup plus sensibles, et les corps gazeux changent facilement de volume pour de petites différences de chaleur : aussi les corps solides ne sont-ils employés comme thermomètres que pour de très hautes températures, par exemple, pour indiquer les températures des fourneaux de porcelaine. Ces thermomètres portent le nom de *pyromètres* : le plus connu de tous est le pyromètre de Wedgwood (qu'on prononce *Ouédj-oud*), habile manufacturier anglais*. Les

* Ce pyromètre (*mesure du feu*) repose sur la propriété qu'a l'argile de se contracter d'avantage à mesure qu'on l'expose à une plus forte chaleur. On forme à cet effet de

thermomètres à air servent à mesurer les faibles. variations de température : MM. Dulong et Petit, deux célèbres physiciens, les ont fait servir à mesurer d'assez fortes chaleurs dans des recherches sur les dilatations; leurs indications sont même les plus sûres, les moins sujettes à erreur.

Les thermomètres à liquides servent le plus habituellement; il y en a deux dont l'usage est familier : ce sont le thermomètre centigrade (à 100 degrés), fait avec du mercure, et le thermomètre de Réaumur, fait avec de l'alcool coloré : nous allons indiquer succinctement leur construction.

THERMOMÈTRE CENTIGRADE.

On prend un tube capillaire, c'est-à-dire d'une ouverture fine comme un cheveu (*capillus* en latin), dont le diamètre intérieur soit le même dans toute sa longueur : cela n'arrive presque ja-

petits cylindres d'argile que l'on laisse sécher à l'ombre, et l'on fixe sur une petite planche deux règles de métal qui vont en convergeant, en se rapprochant. On jette dans le creuset où l'on fait fondre un métal dont on veut connaître le degré de fusion, un de ces cylindres. Mais auparavant on le présente entre les règles pour voir de combien de degrés il entre. Puis on le présente de nouveau entre ces deux règles graduées, quand il a subi la température du métal en fusion, et l'on trouve qu'il glisse plus avant entre les règles; d'où l'on conclut qu'il a éprouvé du retrait et de ce retrait qui est assez exactement proportionnel à la température, on conclut le degré de chaleur. Cependant passé certaine température, très élevée, il est vrai, le petit cylindre se vitrifie et ne donne plus d'indications exactes.

mais ; mais il y a moyen d'arranger le tube de
manière qu'on puisse le considérer comme tel.
Ensuite on soude à l'une des extrémités du tube
une boule ou un cylindre, et à l'autre extrémité
un réservoir AB plus large (*fig.* 9) ; on chauffe
dans toute sa longueur le tube ainsi modifié, pour
en chasser l'humidité ; ensuite on verse du mercure bien sec par le tube AB : l'air se contracte par
le refroidissement, et le mercure tombe dans la
boule. On place le thermomètre sur un grillage
incliné, on l'entoure de charbons rouges, et l'on
porte ainsi le mercure à l'ébullition, afin de chasser complétement l'air et l'humidité qui restent
adhérens aux parois intérieures du tube : ces précautions sont nécessaires ; car, si on ne les pre-
nait pas, l'air et l'humidité pourraient, dans certaines circonstances, diviser la colonne de mercure dans le tube ; dès lors le thermomètre serait
perdu. Quand le mercure a suffisamment bouilli,
et qu'il est refroidi, on vide le réservoir AB ; on
chauffe le mercure restant, pour en faire sortir
une partie, et l'on soude l'extrémité du tube en
la fondant à la lampe d'émailleur : par ce moyen,
on enlève le réservoir AB, et le thermomètre a,
dans ce cas, la forme indiquée. (*Fig.* 10.)

Le thermomètre sera terminé quand on y aura
marqué deux points fixes, l'un correspondant à
la glace fondante, et l'autre correspondant à l'eau
bouillante, et qu'on aura partagé l'intervalle entre ces deux points fixes en 100 parties égales,
qu'on appelle des degrés de température : le zéro,
0° est le point où s'arrête le thermomètre lorsqu'on le plonge dans la glace fondante, et le degré 100 (100°) est le point où s'arrête le thermo-

mètre quand on le plonge dans l'eau bouillante.

THERMOMÈTRE DE RÉAUMUR.

Le thermomètre de Réaumur se construit à peu près de la même manière que le thermomètre centigrade; seulement au lieu de mercure on se sert d'alcool teint en rouge avec du carmin. Les deux points fixes sont les mêmes, et l'intervalle qui les sépare au lieu d'être partagé en 100 degrés, l'est en 80; de sorte que 4 degrés de Réaumur en valent 5 du thermomètre centigrade.

Ordinairement on ne se borne pas à partager l'intervalle compris entre zéro et 100°, s'il s'agit d'un thermomètre centigrade, en 100 parties égales. En général on continue plus ou moins l'échelle thermométrique au-dessus de 100°, et au-dessous de 0°. Les degrés au-dessous de zéro sont ainsi marqués: celui qui vient après zéro a le chiffre 1; le second, le chiffre 2, puis 3, 4 et ainsi de suite; devant tous ces chiffres on place le signe — qui signifie *moins* en algèbre, et qui dans le cas du thermomètre est le synonyme de *au-dessous de zéro*. La même observation s'applique au thermomètre de Réaumur.

La plus forte chaleur que l'on puisse faire exprimer à un thermomètre en le tenant dans la main ou même en mettant la boule dans la bouche, ne dépasse jamais 38 degrés centigrade, qui est la chaleur de l'homme.

Propriétés générales du calorique. — Lorsqu'on place un corps chaud, comme par exemple un boulet rouge, dans une enceinte, le calorique s'échappe de chaque point du boulet sous forme de rayons, dans toutes les directions possibles: on peut s'en assurer en plaçant autour du boulet, dans toutes sortes de positions diverses, un thermomètre sensible comme, par exemple, un thermomètre à air; cet instrument manifeste la présence du calorique; l'effet ne peut être attribué au contact de l'air que l'on supposerait échauffé par le boulet, puisqu'il aurait également lieu dans le vide. Le calorique qui s'échappe d'un corps s'appelle calorique *rayonnant.* Tous les corps, quel que soit leur degré de chaleur, *rayonnent* ainsi, et s'envoient réciproquement du calorique jusqu'à ce que l'équilibre soit établi, c'est-à-dire jusqu'à ce qu'ils aient tous le même degré de température. De cet échange perpétuel de calorique entre les corps, il résulte que lorsqu'un individu entre dans un appartement dont les parois sont froides, il éprouve la sensation de froid; car son corps envoie vers les murailles une quantité de chaleur plus grande que celles que les murailles lui renvoient. C'est à cause d'un rayonnement semblable que lorsqu'une personne, venant du dehors par un temps froid, entre dans un appartement où se trouvent d'autres personnes réunies, elle leur communique subitement une sensation de froid qui peut aller jusqu'au frisson.

Le calorique reçu par une surface en présence d'un corps chaud, dépend du plus ou moins de proximité de cette surface: ainsi, à une certaine distance, elle recevra une certaine quantité de chaleur; à une distance double, elle n'en recevra que le quart; à une distance triple, que le neuvième; et ainsi de suite : ce qui revient à

dire que les quantités de chaleur reçues sont en
raison inverse des carrés des distances *.

* Le carré d'un nombre est comme on le voit en mathématiques, le produit de ce nombre multiplié par lui-même:
Ainsi, le carré de deux est quatre, le carré de trois est
neuf; le carré de quatre est quatre fois quatre ou seize.
Maintenant pour nous convaincre que la chaleur, comme
la lumière, s'affaiblit d'après la loi que nous avons exposée,
faisons passer un faisceau (une certaine quantité) de lumière par un trou pratiqué dans le volet d'une chambre
bien fermée, et nous verrons que ce faisceau de lumière
va en divergeant comme un cône si le trou est rond,
comme une pyramide si le trou est carré Que l'on prenne
un carton, qu'on le mette d'abord à une distance telle
que la lumière le couvre tout entier, supposons que cette
distance soit d'un pied; si nous l'éloignons, il est évident
que la lumière le débordera de tous côtés et qu'il ne suffira
plus pour l'intercepter complétement. Enlevons ce premier
carton, puis plaçons-en un second 4 fois plus grand à une
distance double; enfin, ôtons ce deuxième carton et mettons-
en un plus grand encore à une distance triple. Remarquons
d'abord que la quantité de lumière n'a pas augmenté, et
que les cartons ont reçu de la lumière sur toute leur surface. Cette lumière sera nécessairement moins intense, et
pour connaître le décroissement de son intensité, il suffit
de déterminer le rapport des surfaces des cartons. Admet-
tons que la lumière passe par une ouverture carrée, ou ce
qui revient au même, que le faisceau de lumière ait la
forme d'une pyramide à quatre pans ou faces, et mesurons
dans quel rapport augmentent les *sections*, c'est-à-dire
la grandeur des plans qui les couperaient à des distances
doubles, triples. Prenons un des côtés : ce côté se réduit
à un triangle *(voyez* figure 11); dans ce triangle,
menons les parallèles B, C, D qui sont éloignées du
point A comme un, deux, trois ; et si nous les compa-
rons, nous voyons que leur longueur est double au point C,
triple au point D. A présent, prenons la ligne B, que nous
avons admise égale à 1, et formons le carré BB (même fig.

L'inclinaison de la surface qui reçoit les rayons de chaleur, par rapport à leur direction, a aussi de l'influence sur l'intensité de l'effet produit; plus la surface est inclinée par rapport à la direction des rayons de chaleur, moins elle s'échauffe, c'est ce qui explique comment la terre étant plus près du soleil en hiver qu'en été, la chaleur que nous en recevons est cependant plus faible dans le premier cas que dans le second; en effet, en hiver la surface du pays que nous habitons est très inclinée par rapport à la direction des rayons que le soleil nous envoie; tandis qu'en été elle est tout-à-fait opposée au soleil, qui reste plus long-temps sur l'horizon et dont les rayons peuvent, dès lors, tomber d'aplomb.

Lorsque la chaleur rayonnante rencontre un corps solide, elle se partage en deux parties, dont l'une est absorbée et l'autre réfléchie; plus le corps est poli, plus la partie réfléchie est considérable par rapport à la partie absorbée.

C'est parce que la chaleur se réfléchit que l'on peut concentrer les rayons de calorique envoyés

11'); formons avec la ligne C, qui est double de B, le carré CC; avec la ligne D, triple de B, le carré DD; prenons sur les côtés des longueurs égales à B, et menons des lignes parallèles, nous nous convaincrons aisément que le carré fait avec la ligne C vaut quatre fois celui fait avec B, et que celui fait avec D en vaut neuf. Or, ces surfaces nous représentent exactement la grandeur relative de nos cartons, ou la section de la pyramide, et comme la quantité de lumière n'a pas augmenté, il faut donc puisqu'elle couvre des étendues quatre fois plus grandes, neuf fois plus grandes, qu'elle soit réduite sur chaque point à un quart, à un neuvième, de ce qu'elle était au point B.

par un corps chaud au foyer d'un miroir concave
bien poli (on appelle foyer, dans ce cas, le point
où les rayons se réunissent), et produire des effets curieux; comme, par exemple, brûler de
l'amadou placée au foyer. L'expérience peut être
faite en recevant sur le miroir les rayons du
soleil. (*Fig.* 12.)

- Tous les rayons R venus du soleil frappent le
miroir MM, se concentrent au foyer F, situé
sur l'axe AB, et y produisent une chaleur très
forte, qui va même au delà de 300°, puisqu'il faut
cette chaleur pour enflammer l'amadou; la cha·
leur developpée dépend de la grandeur du miroir,
qu'on nomme encore *réflecteur*.

Le calorique se transmet du corps échauffé au
corps qui le reçoit avec une vitesse égale à celle
avec laquelle la lumière nous arrive du soleil.
Or, c'est en 8 minutes environ que la lumière
parcourt les 34 millions de lieues qui nous séparent de cet astre; ce qui fait à peu près 70,000
lieues par seconde ou quatre millions deux cent
mille lieues à la minute.

Le calorique est *incoërcible*, c'est-à-dire qu'on
ne peut le retenir, le renfermer dans un vase
comme on pourrait faire d'un liquide, d'un gaz.

Les gaz laissent passer le calorique rayonnant
sans l'arrêter d'une manière sensible ; c'est ainsi
qu'à travers la couche atmosphérique située entre
le soleil et nous, les rayons calorifiques de cet
astre nous arrivent sans être absorbés par l'air.
La couche d'air brûlante, dans laquelle nous
marchons quelquefois, ne reçoit pas cette élévation de température directement des rayons solaires, mais bien de son contact avec la surface
du sol qui absorbe la lumière et s'échauffe.

Les solides et liquides arrêtent complétement les
rayons de chaleur ; cependant à mince épaisseur
quelques uns se laissent traverser; tel est le
verre, telle est une mince nappe d'eau.

Parmi les propriétés des corps qui sont relati-
ves au calorique, on en distingue trois remarquables : ce sont le *pouvoir réflecteur*, le *pouvoir absorbant* et le *pouvoir émissif*. Lorsqu'un
corps chaud envoie du calorique à un autre,
une portion est *absorbée* par ce dernier, une autre est renvoyée, *réfléchie*; nous l'avons déjà dit,
la portion absorbée et la portion réfléchie représentent toute la chaleur qui est venue frapper le
corps. Ainsi le pouvoir *absorbant* et le pouvoir
réflecteur sont complémens l'un de l'autre; plus
l'un est grand, plus l'autre est petit. Le pouvoir
réflecteur augmente avec le poli des surfaces, il
dépend aussi de la nature de la substance; deux
substances différentes, également polies, réfléchissent des quantités de chaleur différentes:
les surfaces métalliques sont celles qui réfléchissent le mieux la chaleur.

Moins une substance est polie, plus son pouvoir absorbant est considérable. Le pouvoir absorbant augmente aussi à mesure que la couleur de la substance se rembrunit; lorsque la
couleur est noire, le pouvoir absorbant est très
considérable; elle peut être blanche, mais cou-
verte de petites aspérités, comme le papier, elle
absorbe encore beaucoup.

En comparant tous les effets produits par
chaque surface, on remarque que c'est la surface noire qui produit le plus grand résultat et
la surface métallique qui produit le moindre.
Voici un petit tableau où plusieurs substances

sont classées dans l'órdre de leur pouvoir absorbant :

Noir de fumée. 100
Eau. 100
Papier blanc. 98
Verre. 90
Surface rouge obtenue avec le minium. . 90
Plombagine. 75
Plomb terni (qui a été exposé quelques
   temps à l'air). 45
Mercure 20
Plomb parfaitement net. 19
Fer poli. 15
Etain poli. 15
Or, cuivre, argent. 10

Le *pouvoir émissif* d'un corps est la propriété
qu'il a de perdre, d'émettre son calorique. La
quantité de chaleur perdue par un corps dans
un temps donné, comme, par exemple, une seconde, dépend de la température du milieu environnant (on entend par milieu, le fluide où le
corps se trouve plongé). Plus la chaleur du corps
est élevée par rapport à celle du milieu, plus la
perte de chaleur dans le même temps est grande.

Le *pouvoir émissif* et le *pouvoir absorbant*
sont égaux dans tous les corps, c'est-à-dire
qu'une surface noire, par exemple, qui émet,
dans un cas, de la chaleur et qui en reçoit dans
l'autre, perdra autant dans le premier cas
qu'elle peut recevoir dans le second. Le tableau
précédent qui représente les pouvoirs absorbans,
représente donc aussi les pouvoirs émissifs.

Les notions qui viennent d'être données sur

les pouvoirs émissif et absorbant des corps, re-
çoivent une foule d'applications dans les usages ha-
bituels de la vie. Par exemple, si l'on veut conserver à un corps sa chaleur pendant le plus long-
temps possible, sachant que les surfaces noircies
se refroidissent plus vite que les surfaces métalliques, il faudra donner au corps une surface
métallique. Ainsi, une cafetière en argent, ou
même en étain bien poli, remplie d'eau bouillante, conserve sa chaleur bien plus long-temps
que le même vase recouvert d'une légère couche
de noir.

Ainsi, lorsqu'on veut chauffer promptement
un appartement au moyen d'un poêle, au lieu
de faire les tuyaux et le corps du poêle en cuivre
qu'on tâche de tenir bien brillant et bien propre,
il faut, au contraire, le noircir ou au moins le
couvrir d'une couleur dont le pouvoir émissif
soit plus considérable que celui des surfaces métalliques polies. En mettant la main à une petite
distance d'un tuyau formé de métal poli, on ne
sent pas de chaleur, et cependant au contact, on
trouve une chaleur excessive. Si au lieu d'un
poêle en métal poli, l'on a un poêle en fonte et
des tuyaux en tôle bien terne, le poêle est à peine
chauffé que l'on sent la chaleur renvoyée par
les tuyaux et par le poêle, à une assez grande
distance.

Si l'on veut échauffer un corps parfaitement
poli, en le présentant à une source de chaleur,
à un foyer, ce corps va être beaucoup plus long-
temps à s'échauffer que si l'on y présentait ce
même corps noirci.

Si l'on met la main à une petite distance
d'une surface métallique polie, on a une im-

pression de chaleur comme si ce corps était
chaud : d'où cela vient-il ? c'est une condition
de notre organisation que nous perdions continuellement la chaleur incessamment repro-
duite en nous par la respiration, la digestion
et les autres fonctions de la vie; la preuve en est
que nous sommes mal à notre aise dans un air
tellement chaud qu'il nous empêche de perdre
notre chaleur. Si la main dont la chaleur
moyenne est d'environ 3o degrés est dans un espace libre, tout le calorique qu'elle envoie va
se fixer sur les corps environnans, mais si on lui
présente une surface métallique polie, cette surface renvoie à la main la plus grande partie du
calorique qu'elle en avait reçue; par conséquent,
la main se refroidit beaucoup moins vite que si
elle était dans un espace parfaitement libre,
aussi éprouve-t-elle la sensation de chaleur.

D'après cela, si l'on se renfermait dans un
tonneau tapissé de feuilles d'or ou d'argent ou
simplement d'étain, on éprouverait une chaleur insupportable, parce que tout le calorique
partant du corps, lui étant renvoyé, il n'éprouverait plus de perte. Dans les pays froids, on
pourrait construire des appartemens ainsi tap-
pissés de surfaces métalliques : ces appartemens
seraient très chauds, puisque toute la chaleur
renvoyée par le corps seul de la personne qui
l'habiterait ne pourrait sortir de l'appartement.
Aussi beaucoup de personnes font-elles faire en
cuivre jaune ou en fer poli les foyers et le devant
des cheminées.

PROPAGATION DE LA CHALEUR DANS L'INTÉRIEUR DES
CORPS.

Lorsqu'on applique une source de chaleur à

l'une des extrémités d'un corps solide , il arrive
tantôt que la chaleur se propage assez rapidement
dans l'intérieur du corps : c'est le cas des métaux;
et tantôt qu'il faut un temps plus ou moins long
pour que, l'une des extrémités étant à la chaleur
rouge, par exemple, l'autre extrémité manifeste
au toucher la présence du calorique : c'est le cas
du charbon, des terres, etc. Lorsque le corps se
laisse facilement traverser par la chaleur, on le
dit *bon conducteur*. Tous les métaux sont bons
conducteurs; c'est pour cette raison qu'en les touchant avec la main ils causent la sensation du
froid, tandis qu'en touchant du bois, des pote-
ries, la sensation du froid n'est qu'instantanée :
dans le premier cas, la chaleur de la main traverse
le métal facilement, la main perd donc de
la chaleur, et éprouve le froid, qui n'est autre
chose que cette perte de chaleur; dans le second
cas, la chaleur de la main ne pénètre le bois, la
poterie, que très lentement; aussi la sensation
du froid est presque nulle.

On a cherché à comparer la *conductibilité* des
divers corps solides; l'or est de tous les corps le
meilleur conducteur : en le prenant pour type,
et désignant la conductibilité par. 100
on trouve pour la conductibilité

de l'argent.	97,3
du cuivre.	89,8
du fer.	37,5
du plomb.	17,9
du marbre.	2,3
de la terre des fourneaux et de	
porcelaine.	2.

Passons à la conductibilité des liquides. Ici les
choses ne se passent plus comme dans les solides;

dans ceux-ci, les molécules sont fixes : une molécule que l'on conçoit appartenant à un solide
reçoit de la chaleur de la molécule qui précède,
et en transmet à la molécule qui suit, sans qu'il
y ait mouvement, déplacement de molécules.

Mais supposons un vase plein de liquide, et
chauffé par le bas : la portion de liquide échauf-
fée se dilate, et, devenant plus légère que les parties froides, elle s'élève, à travers la masse, jusqu'à la surface. (Ceci résulte du principe
d'Archimède.) Il s'établit ainsi un courant
de molécules chaudes qui montent dans le milieu du vase, et des courans de molécules froides, le long des parois du vase, qui descendent
au fond : on voit très bien ce phénomène, en
mettant dans l'eau de la sciure de bois. Ces courans ont pour effet de mêler les parties froides
avec les parties chaudes, et d'établir une unifor-
mité de température dans tout l'intérieur de la
masse liquide. Si les molécules ne pouvaient se
déplacer, on verrait que les liquides sont, en
général, de très mauvais conducteurs du calorique; c'est ce que l'on prouve en faisant brûler
une couche d'éther sur la surface d'un verre plein
d'eau : la chaleur développée à la surface du liquide ne se transmet pas dans le reste de la masse,
qui demeure froide, même à peu de distance du
niveau où brûle l'alcool.

Les *fluides élastiques* ne s'échauffent rapidement que par la facilité avec laquelle les molécules se mêlent lorsqu'on les chauffe. Un léger
changement de température, dans une certaine
partie d'une masse d'air ou de gaz quelconque, y
amène tout de suite deux courans, l'un ascendant
d'air chaud, l'autre descendant d'air froid : c'est

pour cela que, dans les salles où se trouvent réunies plusieurs personnes, l'air de la partie supérieure est ordinairement très chaud. Lorsque le
soleil échauffe la terre, il détermine constamment,
à sa surface, des courans d'air qu'il est facile de
voir dans les champs, où, par cette cause, toute
la végétation semble tremblotante.

Si l'on gêne les courans dans une masse d'air
ou de gaz quelconque, on s'aperçoit bien vite
qu'ils sont très mauvais conducteurs : cette propriété est utilisée, dans les arts et dans la vie do-
mestique, pour conserver la chaleur.

On gêne les courans, dans une masse d'air, en
y mêlant des substances très légères et de très
peu de masse, comme les duvets : les couvre-
pieds d'édredon ne sont autre chose que de l'air
emprisonné dans une enveloppe, entre des duvets
qui l'empêchent de former des courans, et qui,
par suite, le rendent très mauvais conducteur,
c'est-à-dire très propre à conserver la chaleur.

Pendant l'hiver, il se fait, dans les appartemens échauffés, une grande déperdition de chaleur par les vitrages, et voici comment : le verre
des fenêtres prend la température de l'appartement ; mais l'air extérieur, qui est plus froid,
s'échauffe au contact des carreaux, et s'élève im-
médiatement après ; de sorte qu'il y a un courant continuel d'air froid qui vient du dehors
frapper le carreau pour lui enlever la chaleur
que lui communique sans cesse l'air chaud de
l'appartement ; de là résulte une perte conti-
nuelle de chaleur : on remédie à cette perte au
moyen d'un double vitrage ; on peut même se
borner à mettre deux carreaux sur les mêmes
traverses qui forment les cadres en bois, l'un en

dehors, l'autre en dedans ; la couche d'air qui est entre ces deux carreaux, quoique ayant peu d'épaisseur, suffit pour empêcher la chaleur de se propager.

En enveloppant les corps où l'on veut conserver long-temps la chaleur, avec des substances non conductrices, comme du charbon pilé, du foin, des tissus, où l'air est emprisonné comme l'eau dans une éponge, on arrivera au résultat que l'on désire.

CAPACITÉ DES CORPS POUR LA CHALEUR.

Tous les corps de la nature n'exigent pas la même quantité de chaleur pour s'élever, ayant le même poids, d'un même nombre de degrés : il y a, sous ce rapport, des différences notables. La quantité de chaleur exigée par un corps pris sous l'unité de poids, pour varier d'*un* degré de température, est ce qu'on appelle la *capacité* du corps pour le calorique, ou son *calorique spécifique.*

Si l'on opérait sur des poids égaux d'eau, de soufre, de fer, de plomb, etc., sur un kilogramme, par exemple, on reconnaîtrait bientôt que, pour les porter de zéro à 100°, ces corps exigent les uns plus, les autres moins de calorique : ainsi, pour échauffer de l'eau depuis zéro jusqu'à 100°, il faut une certaine quantité de chaleur qui reste combinée avec l'eau ; si l'on prend du mercure pour l'échauffer de même depuis zéro jusqu'à 100°, il faudra une quantité de chaleur trente trois fois plus petite. Ce que l'on prouve en prenant un kilogr. d'eau à 34° et un kilogr. de mercure à 0°, les agitant bien ; on obtient un mélange qui marque 33° : donc la quantité de calorique qui élève l'eau d'un degré est capable d'élever le mercure de 33, puisqu'il n'y a eu abaissement que d'un degré pour l'eau et une élévation de 33 degrés pour le mercure.

Le thermomètre ne peut servir à mesurer les *chaleurs spécifiques* des corps ; car il indique seulement la chaleur apparente, celle du contact, et non pas celle qui est combinée en plus ou moins grande quantité avec les molécules du corps. — On mesure ces chaleurs spécifiques de plusieurs manières ; ainsi, l'on prend tous les corps sous le même poids et à la même température ; on calcule la quantité de glace que chacun peut fondre pour arriver à la température de la glace, et l'on en conclut les chaleurs spécifiques ; car plus un corps fond de glace pour se mettre au degré de température de celle-ci qui est zéro, plus il renferme de chaleur combinée avec ses molécules.

CALORIQUE LATENT.

Lorsqu'on applique la chaleur à un corps solide, elle en augmente les dimensions dans tous les sens, c'est-à-dire qu'elle le dilate, puis, au bout d'un certain temps, si la chaleur est suffisante, le corps se fond, il passe à l'état *liquide*; la chaleur continuant toujours son action, le liquide lui-même se dilate, et si la chaleur est encore suffisante, le liquide bout, se réduit en vapeurs, de sorte que le corps passe par les trois états, solide, liquide, gazeux. L'expérience est facile à faire sur la glace, le soufre, etc. Mais il n'est pas de corps qui ne soit susceptible, avec un degré de chaleur suffisant, de passer par ces trois états à mesure qu'on découvre des moyens plus puissans d'obtenir de la chaleur, on diminue le nombre des corps qui ne pouvaient pas passer successivement par ces divers états, et tous ceux qui résistent encore, ne le font que parce qu'on n'a pas encore de moyens assez énergiques de chaleur à leur appliquer.

Toutes les fois qu'un corps exposé à l'action de la chaleur passe d'un état à un autre, de l'état solide à l'état liquide, ou de l'état liquide à l'état gazeux, sa température reste stationnaire durant tout le temps qu'il emploie à changer d'état; ainsi, de l'eau où fond de la glace reste à zéro, quelque vif que soit le feu, durant tout le temps qu'il reste de la glace à fondre. De l'eau qui bout reste de même à 100 degrés jusqu'à ce qu'elle soit entièrement réduite en vapeur. La chaleur que prend un corps pendant tout le temps qu'il change d'état, chaleur qui n'est pas appréciable au thermomètre, s'appelle *calorique latent* (qui signifie chaleur cachée). Le calorique latent varie suivant les différens corps.

C'est parce qu'il faut de la chaleur à un corps passant ainsi de l'état solide à l'état liquide, ou de l'état liquide à l'état gazeux, que l'on peut obtenir des froids artificiels, au moyen de ce que l'on appelle des *mélanges réfrigérans* : par exemple si l'on mêle une partie de sel marin avec trois parties de neige, le tout devient liquide, et un thermomètre plongé dans le mélange peut s'abaisser jusqu'à 20° au-dessous de zéro ; c'est le mélange qu'emploient les limonadiers pour faire leurs glaces. Le froid est ici produit par la fusion de la glace et du sel marin : ces deux corps ont une grande affinité chimique l'un pour l'autre, c'est là ce qui détermine leur fusion, qui ne s'o-

père qu'aux dépens de la chaleur thermométrique. Lorsque le corps revient au contraire de l'é-
tat liquide à l'état solide, ou de l'état de fluide
élastique (vapeur) à l'état liquide, il y a production de chaleur, tout le calorique latent qui avait
été employé au changement d'état redevient libre.

DES VAPEURS.

La théorie des vapeurs est une des plus importantes de la physique, aussi nous allons nous y
arrêter avec soin.

La production des vapeurs a lieu de deux manières, ou par *ébullition*, et alors les vapeurs
sortent du liquide tumultueusement ; ou par
évaporation lente, et alors elles sont fournies
par la surface même du liquide, sans aucun
mouvement de la part de celui-ci. Cette vapeur
en s'échappant du liquide monte lentement dans
l'air, car elle est plus légère que lui, se loge pour
ainsi dire entre ses molécules et s'y répand uni-
formément. L'évaporation a lieu même dans les
plus basses températures ; ainsi l'eau de la glace
s'évapore ; il est vrai que la quantité de liquide
qui s'évapore est de plus en plus petite à mesure
que la température baisse.

Lorsqu'un liquide s'évapore, il prend du calorique latent pour passer à l'état de fluide élastique, et par conséquent produit du froid. L'é-
ther est un corps très volatil et qui s'évapore en
grande quantité à la température ordinaire ; c'est
pour cela que lorsqu'on en est mouillé on éprouve
la sensation du froid ; il en est de même pour
l'esprit de vin, l'eau-de-vie, etc. Dans l'été, on
rafraîchit un appartement, une promenade, en
mouillant le plancher ou le pavé, parce que

l'eau en s'évaporant les refroidit, et refroidit aussi l'air environnant. ·

On peut congeler de l'eau en la plaçant dans le vide, parce qu'alors la vapeur n'étant pas gênée par l'air, se forme instantanément en grande quantité, et refroidit assez l'eau pour l'amener à l'état de glace.

C'est par suite de la propriété qu'ont les liquides de s'évaporer à l'air libre que les corps mouillés se sèchent.

A chaque degré de température un certain espace d'air ou de gaz peut contenir une certaine quantité de vapeur déterminée pour chaque liquide; passé ce terme, le liquide placé dans l'air ou la gaz cessera de s'évaporer. Lorsqu'une certaine quantité d'air ou de gaz quelconque contient ainsi la quantité de vapeur d'eau ou de tout autre liquide qui convient à sa température, on dit que l'air ou le gaz est *saturé* de vapeur.

Toutes les fois qu'un liquide est en présence d'un gaz, il tend à le saturer de sa vapeur ; ainsi l'eau tend toujours à saturer l'air qui l'environne ; les couches d'air en contact avec elle sont saturées les premières, et la saturation s'opère très vite quand elles se renouvellent rapidement ; l'eau diminue rapidement aussi et finit même par disparaître si le renouvellement de l'air continue long-temps ; c'est ce qui explique la dessication prompte et rapide des pavés mouillés, ou d'un linge mouillé lorsque le vent est continu.

Nous disions tout à l'heure que l'eau et tout liquide en s'évaporant produit du froid : cette propriété est utilisée dans les pays chauds pour se procurer de l'eau fraîche agréable à boire. Tout

le monde sait que l'eau n'est agréable que lorsqu'elle est de quelques degrés au-dessous de la
température ambiante. Dans nos climats, où les
températures élevées ne sont que passagères, les
caves restent toujours à une température de 11 à
12 degrés; il en résulte qu'elles offrent un moyen
suffisant de refroidissement; mais sous l'équateur,
où la température moyenne de l'air est de 27°, la
température des caves est aussi très élevée, de manière qu'on ne peut se servir des caves pour ré-
froidir les liquides : on a alors recours au froid
produit par l'évaporation. On se sert de vases
en terre grossière, mal cuite, et qui présentent
beaucoup de pores, on les nomme en Espagne des
alcarazas. L'eau dont on remplit ces vases suinte
à travers les pores, de sorte qu'il y a toujours une
légère couche d'humidité à leur surface extérieure; cette humidité s'évapore, et en s'évaporant elle produit du froid qui se communique
au liquide intérieur.

Au lieu de vases poreux, on peut se servir de
vases métalliques, que l'on recouvre d'un linge
ou de tout autre corps qui puisse retenir l'humidité. On mouille le linge ou ce corps, et l'évaporation qui a lieu produit du froid qui se transmet dans l'intérieur du vase.

En général, tout corps humide exposé dans
un lieu qui n'est point saturé d'humidité contri-
buera à rafraîchir l'air. Au Bengale, on met sur
les croisées des branchages mouillés; l'air, en
passant à travers ces branchages, se refroidit en
dissolvant l'humidité qui s'évapore; on obtient
ainsi des refroidissemens qui vont jusqu'à 10 et
15° au-dessous de la température ambiante.

C'est à l'évaporation perpétuelle des eaux qui

se trouvent à la surface du globe qu'est due la formation des nuages. La vapeur d'eau en montant dans l'air rencontre des couches plus froides qu'elle, alors elle se condense et passe à l'état de *vapeur vésiculaire* (ainsi nommée parce que les petites gouttelettes sont creuses comme de petites ampoules de verres, et ont été comparées à de petites vessies), dont les nuages sont formés. Ici ce serait l'occasion de parler plus en détail des nuages, de leur suspension dans l'air, puis des causes qui amènent la pluie, la neige et même la grêle ; mais tous ces phénomènes sont du domaine de la météorologie qui forme un traité à part. La rosée, qui est due également à la condensation de la vapeur d'eau contenue dans l'air, est expliquée aussi dans la météorologie.

DE LA FORCE ÉLASTIQUE DES VAPEURS.

Lorsque la vapeur est en contact avec le liquide qui l'a produite, et qu'elle remplit un certain espace vide d'air ou non, on dit qu'il est *saturé de vapeur;* on dit encore que la vapeur est, dans ce cas, pour le degré de température où elle se trouve, à son *maximum de tension ou de force élastique.* C'est ce degré de force élastique que l'on mesure pour chaque degré de température.

Nous ne pourrions entrer ici dans le détail des procédés qui ont servi à mesurer les forces élastiques des vapeurs ; ces procédés varient suivant que les températures des vapeurs sont au-dessous de cent degrés ou au-dessus. Disons seulement, pour en donner une idée, que si l'on introduit un certain liquide en excès dans la partie vide du baromètre, comme la vapeur se forme instantanément dans le vide, le mercure sera aussitôt déprimé par la force élastique de cette vapeur, et la quantité dont il se sera abaissé en mesurera la force élastique : on a pu mesurer la force élastique des vapeurs depuis les températures très basses, au-dessous même de zéro, jusqu'à des températures bien élevées au-dessus de 100°. MM. Dulong et Arago ont pu mesurer des forces élastiques équivalentes à 24 atmosphères. Le rapport entre les températures et les forces élastiques des vapeurs supérieures à une atmosphère est très important à connaître pour la construction des chaudières de machines à vapeur. (Lorsqu'on se sert de cette expression une atmosphère, il faut entendre une pression équivalente à celle de l'atmosphère.)

Le tableau suivant montre que la pression ou force élastique de la vapeur ne marche pas proportionnellement avec la température; elle augmente beaucoup plus rapidement que la température :

Degrés du thermomètre.	Force élastique en millimètres.	
à — 20° ⎰ La vapeur soutient	1^{mm}.	33 cent. de mill.
— 10 ⎱ une colonne de	2	00
0° ⎰ mercure de :	5	06
+ 10	9	47
20	17	31
30	30	64
40	53	
50	88	74
60	144	7
70	229	
80	352	1
90	525	3
100	760 (28 pouces ou une atmosphère)	

à 122 . . . . 2 atmosphères.
135 3
145; 2 4
154 5
161, 1 6
168 7
173 8

Si au lieu de placer un liquide dans un espace vide, on le met dans un espace limité rempli d'air, le liquide ne se réduira pas instantanément en vapeur, pour saturer l'espace, comme cela a lieu dans le vide; il faudra un temps plus ou moins long pour que la vapeur se glisse dans les interstices de l'air; mais à part le temps, tout se passera absolument comme dans le vide; la vapeur acquerra dans l'espace rempli d'air une force élastique, absolument égale à celle qu'elle aurait acquise dans le vide par la même température.

Lorsqu'on vient à diminuer un espace vide ou rempli d'air saturé de vapeurs, une portion de la vapeur se condense, c'est-à-dire reprend l'état liquide; car la vapeur ne se laisse pas comprimer, elle se condense en partie pour ne laisser que la vapeur qui sature l'espace diminué, à la température où l'on opère.

Si l'on refroidit l'espace saturé de vapeur, une portion se condensera également pour ne laisser que la quantité de vapeur qui sature l'espace à cette nouvelle température.

Si l'espace n'était pas saturé de vapeur, celle-ci se laisserait comprimer ou refroidir en se comportant absolument comme un gaz, jusqu'à ce qu'elle eût atteint son degré de saturation.

L'atmosphère n'est jamais saturée de vapeurs, quelque longues et abondantes que soient les pluies ; cela tient à la masse d'air qui est considérable et au vent qui la renouvelle de manière à ne la laisser jamais saturer complétement.

DE L'ÉBULLITION.

L'ébullition est ce mouvement tumultueux de la vapeur qui se forme dans l'intérieur du liquide et qui s'échappe en bulles à la surface.

Lorsqu'on place un vase sur le feu, il se passe un certain temps avant que l'ébullition commence, c'est qu'en effet il faut que la vapeur ait acquis par la température une force élastique capable de vaincre la pression du liquide qui se trouve au-dessus, et celle de l'atmosphère qui presse sur le liquide. L'ébullition dépendant de la pression de l'atmosphère, il est clair que nous aurons autant de points d'ébullition que nous pourrons concevoir de pressions. A mesure qu'elles diminueront, les températures nécessaires pour l'ébullition diminueront aussi; dans le vide, l'ébullition est indépendante de la température, elle y est produite instantanément, jusqu'à ce que l'espace vide soit saturé, alors elle s'arrête.

A mesure qu'on s'élève sur les montagnes, on s'aperçoit de cette diminution graduelle de température nécessaire à l'ébullition; ainsi M. de Saussure, dans son voyage au Mont-Blanc, où le baromètre ne se tenait qu'à 43 centimètres au lieu de 76, qui est sa hauteur moyenne; a remarqué que l'eau bouillait à 85° au lieu de 100°, c'est-à-dire 15° plus tôt qu'au niveau de la mer.

Si au lieu de diminuer la pression à la surface

du liquide, on l'augmente, la chaleur nécessaire
pour l'ébullition sera beaucoup plus considérable. Par exemple, si la pression est double, il
faudra que l'eau soit portée à 142° de chaleur
avant qu'il y ait ébullition; si la pression était
dix fois plus grande que celle de l'atmosphère,
il faudrait porter l'eau à 173°, et ainsi de suite.
Si l'on enferme de l'eau ou tout autre liquide
dans un vase dont les parois soient très résistan-
tes, on pourra porter le liquide à des températures très élevées; la vapeur ne pouvant s'échapper, exercera sa pression toujours croissante sur
la surface du liquide, et le calorique qui aurait
été employé à réduire tout le liquide en vapeurs,
sera employé à élever sa température, qui pourra
être ainsi portée au rouge. L'instrument dont on
se sert en physique pour faire ces expériences
s'appelle la *marmite de Papin*. Elle est munie
d'une soupape de sûreté; les marmites *autoclaves*
sont fondées sur le même principe. Elles servent
à faire cuire les substances végétales ou animales
en beaucoup moins de temps qu'on ne le fait ordinairement. Ce procédé est bon, économique
pour les grands établissemens; mais il est dangereux dans les ménages; on s'expose souvent à
l'explosion du vase en le confiant à des mains
qui ne savent pas le diriger.

SOURCE DE LA CHALEUR ET DU FROID.

La source principale de chaleur est le soleil; la
chaleur est encore produite par la réunion des
deux électricités (voir ÉLECTRICITÉ); par la compression des corps, par le frottement, et enfin
par les combinaisons des corps. C'est à la combi-

naison de l'oxigène de l'air avec la matière du
bois, avec le charbon, que l'on doit toute la
chaleur artificielle qui est produite dans les foyers
domestiques et dans les usines, forges, etc. ; c'est
aux diverses combinaisons qui se produisent
dans l'estomac par les réactions diverses des ali-
mens qui y sont introduits, et surtout par l'ab-
sorption de l'oxigène de l'air dans les poumons,
ou tout organe analogue aux poumons dans les
divers animaux, que l'on doit, en presque totalité,
la chaleur animale.

La compression d'un corps, sa diminution de
volume produit de la chaleur ; c'est ainsi, par
exemple, que le forgeron enflamme une allumette
en la présentant à un morceau de fer auquel il a
donné quelques vigoureux coups de marteau.
Les liquides étant très peu compressibles ne donnent pas lieu à des phénomènes de chaleur sensibles. Les gaz comprimés peuvent enflammer de
l'amadou. Tout le monde connaît le *briquet à
air*, qui est composé d'un cylindre creux ou
corps de pompe, et d'un piston à l'extrémité du-
quel existe une petite cavité où l'on met de l'a-
madou. On introduit le piston dans le corps de
pompe, et après une vive et rapide compression,
par laquelle l'air condensé dégage de la chaleur,
on retire l'amadou enflammé. Dans les bouti-
ques ambulantes de colporteurs des rues de Paris,
souvent l'on rencontre de ces briquets longs de
cinq à six pouces faits en étain. (*Fig.* 1.)

Si la diminution de volume produit de la
chaleur, l'augmentation de volume par un moyen
mécanique produit du froid. L'expérience ne
peut être faite que sur les gaz, et ne laisse aucun
doute sur ce que nous avançons.

5*

Le frottement produit aussi de la chaleur, on peut s'en assurer en frottant deux morceaux de bois l'un contre l'autre. Les sauvages se procurent du feu de cette manière.

Les mélanges réfrigérans, dont nous avons parlé à propos du calorique latent, sont un excellent moyen de se procurer à volonté du froid artificiel.

DE LA CAPILLARITÉ.

Nous ne pourrons dire que quelques mots sur cette question qui, pour être traitée convenablement, exige les ressources de l'analyse mathématique la plus élevée.

Lorsqu'on plonge un tube à large diamètre et ouvert par les deux bouts dans un liquide qui le mouille, comme de l'eau, de l'alcool, de l'huile, etc., ou qui ne le mouille pas, comme du mercure, le liquide qui est placé dans l'intérieur du tube est au même niveau que le liquide extérieur, et cela doit être, puisque dans l'intérieur du tube comme à l'extérieur, le liquide est pressé par l'atmosphère.

Mais si le tube est d'un très petit diamètre, il se passe des phénomènes différens suivant que le liquide mouille le tube ou ne le mouille pas. Si le liquide mouille le tube, il s'élèvera dans l'intérieur du tube au-dessus du niveau extérieur, et d'autant plus que le tube sera plus fin. Ce phénomène est indiqué *fig.* 13.; où l'on voit que le liquide se relève vers les parois du tube.

Si le liquide ne mouille pas le tube, on observe absolument le contraire, le liquide monte moins haut dans le tube que le liquide extérieur (voir *fig.* 14), et au lieu de s'élever le long des parois

du tube, il se déprime; c'est parce qu'on a ob-
servé ces phénomènes pour la première fois dans
des tubes très fins, des tubes capillaires (fins
comme un cheveu), qu'on leur a donné le nom
de *phénomènes capillaires*; on entend plus généralement aujourd'hui sous ce nom les phénomènes d'adhérence, d'adhésion par le contact,
que les corps peuvent offrir.

L'ascension de l'eau dans les tubes capillaires ou
entre de petits espaces très étroits, car il n'est
pas nécessaire d'avoir des tubes bien ronds et bien
réguliers, l'ascension disons-nous est considérable lorsque les petits espaces sont extrêmement
étroits; on trouve, par exemple, que dans un
petit tube dont l'épaisseur serait d'un centième
de millimètre, l'ascension irait jusqu'à trois mètres par la seul force de la capillarité; il y a dans
les tissus des végétaux et des animaux des tubes
encore bien plus étroits qu'un centième de millimètre, aussi la capillarité doit jouer un grand
rôle dans l'ascension de la sève, ainsi que dans
la circulation des liquides dans les animaux; la
chaleur augmente beaucoup l'effet de la capillarité.

L'ascension de l'huile, dans les mèches aussi
bien que celles du suif et de la cire, est due à la
capillarité; le liquide s'élève dans les espaces capillaires situés entre les filamens.

Si une masse terreuse est humide par le bas,
l'eau monte dans les espaces capillaires qui séparent les particules terreuses. Et c'est pour cela,
qu'après les longues pluies, lorsqu'il vient un
temps sec qui dessèche la surface du sol, la terre
reste encore long-temps humide, par l'eau qui
arrive du fond, jusqu'à ce qu'elle soit entière-

ment épuisée. On peut aisément faire une expérience qui démontre la capillarité; c'est de tremper par sa partie inférieure un morceau de sucre dans du vin rouge. Le liquide coloré s'élève bientôt jusqu'au haut du morceau de sucre.

CHAPITRE III.

DE L'ÉLECTRICITÉ.

Il y a cent cinquante ans, on ne connaissait que trois ou quatre phénomènes électriques; mais depuis cette époque, et surtout depuis quelques années, l'électricité a fait de grands progrès

Ce qu'on a reconnu d'abord, c'est que des corps comme le verre, la résine, avaient la propriété, après avoir été frottés, d'attirer les corps légers, tels que les brins de papier, les barbes de plume, etc. La cause de cette propriété a été appelée *électricité*, parce que les phénomènes de ce genre ont été observés pour la première fois dans l'ambre jaune, dont le nom grec est *électron*. Ce fait était déjà connu du temps de Thalès de Milet, qui vivait 600 ans avant l'ère chrétienne.

Si l'on porte près de la joue un bâton de cire d'Espagne ou un bâton de verre frotté avec un morceau de drap ou simplement sur la manche de l'habit, on éprouve une sensation pareille à celle que produirait le contact d'une toile d'araignée; si l'on en approche le doigt, on entend le pétillement d'une petite étincelle, et dans l'obscurité, ces corps ainsi frottés sont recouverts d'une lumière bleuâtre.

Si le verre, la cire d'Espagne et beaucoup d'autres corps ont ainsi la propriété d'acquérir l'électricité quand on les frotte en les tenant à la main, il en est un grand nombre d'autres, les métaux par exemple, qui, tenus à la main et frottés, ne manifestent rien quand on les présente à des corps légers; mais si on les frotte en les tenant à l'extrémité d'un bâton de verre, ils deviennent électriques. De là, la distinction des corps, en *conducteurs* et *non-conducteurs ou isolans*. Dans le cas où le corps conducteur est frotté sans être isolé par un corps non-conducteur, il se développe bien en lui de ce fluide très subtil qu'on nomme fluide électrique; mais ce fluide passé à travers le corps humain, qui est bon conducteur, et se répand dans le sol. La terre, dans laquelle s'écoule et se perd l'électricité, porte le nom de *réservoir commun*. Au contraire, lorsqu'on frotte le conducteur isolé par un bâton de verre, le verre empêche le fluide électrique de se dissiper.

Lorsqu'on se sert de cette expression, corps isolant, corps non-conducteur, il ne faut pas la prendre dans son acception absolue, il faut seulement entendre que ce corps conduit très mal l'électricité.

Les meilleurs conducteurs de l'électricité sont: les métaux, les dissolutions salines ou spiritueuses, etc.

Les corps isolans sont : le verre, la soie, la résine, le soufre, etc., etc.

On appelle pendule électrique une petite boule de sureau ordinairement dorée ou argentée, iso-

lée par un fil de soie, et suspendue ainsi à un
point fixe. Voyez *fig.* 1.

Supposons qu'on ait un pendule électrique et
qu'on approche de la boule de sureau un bâton
de résine électrisé par le frottement, la petite
boule viendra se coller sur le bâton et ne s'en
détachera qu'après y avoir pris de l'électricité,
elle sera même repoussée par le bâton de résine
après l'avoir touché. Si au même instant on en
approche un bâton de verre frotté comme celui
de résine sur la manche de l'habit, cette petite
boule sera attirée. L'électricité du bâton de résine
et l'électricité du bâton de verre ne sont donc
pas de même nature; on les a distinguées en
donnant à la première le nom d'électricité *résineuse* et à l'autre celui d'électricité *vitrée.* Afin
de pouvoir les soumettre au calcul on les a désignées par des noms algébriques : l'électricité
vitrée s'appelle ordinairement électricité *positive* et l'électricité *résineuse*, électricité *négative.*
(On verra dans l'algèbre ce qui a motivé cette
dénomination). Toutes les électricités que l'on
peut produire, par tous les moyens possibles,
rentrent dans les deux précédentes.

L'expérience du petit pendule électrique nous
a montré qu'il y a deux espèces d'électricité,
mais elle montre aussi que la petite boule de
sureau chargée d'électricité résineuse est repoussée par le bâton de résine et attirée, au contraire,
par le bâton de verre, d'où l'on conclut que
*les électricités de même nom se repoussent, et
que les électricités de nom contraire s'attirent.*
On peut même faire l'expérience d'une manière
plus frappante en suspendant à un même sup-
port deux petites balles de sureau, et les tou-

chant toutes les deux, à la fois, soit avec un bâton de cire, soit avec une baguette de verre électrisée. On les voit diverger aussitôt et se tenir écartées tant qu'elles restent chargées d'électricité. Comme dans la *fig.* 16.

En frottant deux corps l'un contre l'autre ils prennent des électricités contraires, c'est presque toujours la surface la plus polie qui prend l'électricité vitrée.

Le frottement n'est pas la seule manière de développer l'électricité; c'est la plus connue et la plus ancienne; l'électricité se développe encore dans une foule de circonstances par la chaleur, etc.

L'air est un très mauvais conducteur de l'électricité lorsqu'il n'est pas humide, c'est lui qui par la pression qu'il exerce sur les corps, maintient l'électricité à leur surface, nous disons à la surface parce que c'est là seulement que se tient l'électricité, elle n'est jamais située à l'intérieur. On peut s'en convaincre en électrisant une boule creuse à laquelle on a pratiqué un trou qui permette de porter dans son intérieur un corps que l'on en retire non électrisé, preuve qu'il n'y a pas d'électricité intérieurement, tandis qu'il en serait autrement si l'électricité était répandue à l'intérieur des corps. Dans le vide on ne peut retenir l'électricité à la surface d'un corps, elle se dissipe instantanément.

Lorsque le corps est terminé par une pointe, la pression de l'air ne peut retenir l'électricité à la surface du corps; l'électricité se dissipe toute par la pointe.

La vitesse de l'électricité est immense; on a reconnu que le fluide extrêmement subtil auquel

on doit les divers phénomènes électriques parcourt plusieurs lieues dans un temps inappré-
ciable.

Électricité par influence.. — Tous les phénomènes électriques sont dus, comme nous le verrons, au développement de l'électricité par influence.

Supposons une boule métallique isolée, chargée d'électricité positive ou vitrée, par exemple,
et à côté de cette boule un cylindre métallique
isolé également. Le cylindre et la boule sont éloignés de telle sorte que l'étincelle électrique ne
puisse partir de la boule. (*Fig.* 17.)

Disons d'abord que tous les corps ont en eux
une source infinie de fluide *électrique neutre*,
c'est-à-dire de fluide formé par la combinaison
des deux électricités qui se cherchent toujours
pour s'unir.

Le fluide vitré ou positif de la boule agira sur
le fluide neutre du cylindre, désunira les deux
électricités, attirera à lui l'électricité résineuse
ou négative, qui viendra se placer dans la partie
du cylindre située le plus près de la boule, et repoussera dans la partie la plus éloignée le fluide
vitré.

Le fluide électrique exerce son influence sur
un corps conducteur lors même que celui-ci serait revêtu d'un corps non-conducteur, ainsi
l'électricité serait également décomposée lors
même que ce cylindre serait recouvert d'une
forte couche de cire à cacheter ou de gomme la-
que, ce qui montre tout-de-suite la futilité des
précautions qui consisteraient à se couvrir de soie,
par exemple, pour se garantir du tonnerre.

Machines électriques. — Le but des machines

électriques est de développer de grandes quantités
d'électricité pour faire les expériences des cabinets de physique. On en connaît plusieurs : celle
dont on se sert ordinairement est de l'invention
du physicien Ramsden. Dans beaucoup de cabinets de physique on se sert aussi d'autres machines; de celle de Van-Marum de Harlem, et
de celle de Nairne, qui peuvent à volonté donner
l'une ou l'autre électricité. La machine de Ramsden ne donne que l'électricité vitrée : dans cette
machine, l'électricité est fournie par le frottement d'un plateau de verre qui tourne vertica-
lement contre plusieurs coussins remplis de
crin. Des cylindres métalliques isolés sont placés
tout près du plateau de verre ; ils sont armés de
pointes. Tout le fluide résineux des cylindres attiré, par influence, vers le plateau, par le fluide
vitré qui s'y trouve en abondance, s'écoule par
les pointes sur ce plateau, dont il neutralise l'é-
lectricité vitrée; ainsi les cylindres se trouvent
de plus en plus chargés d'électricité vitrée, qui
est repoussée par le fluide négatif du verre ;
et c'est là une source abondante (si l'air est sec)
où l'on vient puiser de l'électricité pour toutes
sortes d'expériences. (*Fig.* 18.)

DU CONDENSATEUR ET DE LA BOUTEILLE DE LEYDE.
C'est à l'action de l'électricité qui agit à distance, ou de l'électricité par influence, que l'on
doit les phénomènes que présentent le condensateur et la bouteille de Leyde. (*Fig.* 19).

On appelle *condensateur* un appareil électrique
formé de deux disques métalliques séparés par
une couche non conductrice, comme de l'air, de
la soie, du taffetas gommé, du verre, etc. Il
suffit que les disques métalliques soient des

feuilles, de métal; car l'accumulation de l'électricité ne dépend pas de l'épaisseur du métal,
mais seulement de sa surface. Nous supposerons ici
deux feuilles d'étain, par exemple, appliquées sur
une plaque de verre: mettant l'une des feuilles d'é-
tain du condensateur en rapport avec une source
d'électricité positive, comme on le voit *fig.* 20,
la feuille A va prendre de cette électricité qui,
agissant à travers le verre, par influence, sur la
feuille B, décomposera le fluide neutre de celle-
ci, attirera vers elle le fluide négatif résultant
de cette décomposition, et repoussera le fluide
positif. Celui-ci s'écoulera dans le sol, que l'on
fait communiquer avec la feuille B par une petite chaîne; mais le fluide négatif, qui est retenu
par l'influence du fluide vitré de manière à
être insensible à toute provocation qui ten-
drait à le faire échapper, agira lui-même sur
le fluide vitré de la feuille A, en fixera, en neu-
tralisera une certaine partie, de manière qu'il
pourra arriver sur la feuille A une nouvelle
quantité d'électricité de la source avec laquelle
cette feuille communique. Mais cette nouvelle
électricité vitrée va décomposer encore une nouvelle quantité du fluide neutre de la feuille B,
chasser dans le sol le fluide vitré résultant de
cette décomposition, et fixer une nouvelle quantité de fluide résineux, lequel réagissant à son
tour sur le fluide vitré de la feuille A, en fixera
encore une autre portion, et ainsi de suite. On
voit ainsi que l'on pourra accumuler sur chaque
feuille du condensateur une grande quantité d'é-
lectricité, qui sera totalement dissimulée par une
influence réciproque. Mais si l'on vient à toucher
l'une des feuilles avec une main et l'autre feuille

avec l'autre main, les deux électricités qui cherchent à s'unir seront en communication au
moyen du corps de la personne qui touche les
deux feuilles, elles se combineront en donnant
à cette personne une commotion plus ou moins
violente, due à la jonction des deux électricités ;
la commotion pourrait même être dangereuse
et renverser l'expérimentateur.

Pour expliquer la bouteille de Leyde, il faudrait répéter mot à mot ce que nous venons de
dire ; car la bouteille de Leyde n'est autre chose
qu'un condensateur, seulement elle a une forme
différente de celui que nous venons de décrire. Cette forme est indiquée *fig.* 19, la
panse de la bouteille est recouverte à l'extérieur jusqu'à moitié d'une feuille d'étain, et,
au lieu d'une feuille d'étain à l'intérieur, elle
est remplie de feuilles minces de cuivre qui font
absolument le même usage, et que l'on peut faire
communiquer, comme la feuille A du condensateur, à la source d'électricité par une tige de
cuivre terminée par un bouton : c'est ce bouton
que l'on présente à la machine électrique. La
bouteille une fois chargée, on peut la décharger,
c'est-à-dire lui enlever les deux électricités
qu'elle tient à l'état dissimulé, en les faisant
communiquer soit au moyen d'un conducteur
métallique, soit en touchant le bouton d'une
main et la panse extérieure de l'autre ; dans ce
cas on éprouve une commotion.

Une *batterie électrique* est une réunion de
bouteilles de Leyde dont les panses extérieures
communiquent entre elles et dont tous les bou-
tons communiquent aussi entre eux. On peut
avec ces batteries produire des effets beaucoup

plus énergiques qu'avec une seule bouteille de Leyde. (*Fig.* 21.)

La bouteille de Leyde fut découverte par Muschenbroëk et Cunéus, vers 1746. Cette découverte fit beaucoup de bruit en Europe ; chacun voulut éprouver la commotion, malgré le récit effrayant qu'on en faisait. Ce fut surtout en France qu'elle excita une vive curiosité : l'abbé Nollet donna en présence du roi la commotion à un régiment entier.

Ce serait ici le lieu de parler de l'électricité atmosphérique, de l'identité complète qui existe entre l'électricité des nuages et celle que l'on produit dans les cabinets de physique, enfin nous aurions à parler du tonnerre et du paratonnerre, etc.; mais tous ces sujets se trouvent traités en détail dans la *Météorologie*.

CHAPITRE IV.

DU GALVANISME OU DE L'ÉLECTRICITÉ DÉVELOPPÉE PAR LE CONTACT.

Cette branche de la physique a pris naissance en 1789. Elle reçut le nom de *galvanisme*, de Galvani, professeur d'anatomie à Bologue, auquel on doit les premières expériences qui s'y rapportent.

Sans entrer dans le détail de ces expériences et des débats qu'elles causèrent par les explications diverses qu'on en donna ; nous dirons tout de suite que lorsqu'on met en contact deux corps hétérogènes (de nature différente), il y a production, par ce fait seul ; de deux électricités cou-

traires, qui se manifestent sur chacun des corps :
par exemple, si l'on fait souder ensemble deux
lames, l'une de zinc, l'autre de cuivre, le cuivre sera chargé d'électricité résineuse et le zinc
d'électricité vitrée.

On appelle force *électro-motrice* la force qui
développe de l'électricité sur les deux métaux ;
elle réside aux surfaces de contact.

Cette force a deux effets bien remarquables :
1° elle décompose le fluide électrique neutre qui
se trouve aux surfaces de contact, porte la partie
positive sur le zinc et la partie négative sur le
cuivre ; 2° elle empêche la recomposition des fluides qui se trouvent sur le zinc et sur le cuivre ,
malgré la tendance qui les porte à se combiner.

Les effets de la force électro-motrice sont ins-
tantanés et continuels lorsqu'on enlève sans cesse
les électricités qu'elle développe sur les lames.

On appelle *maximum* de la force électro-motrice le plus grand effort qu'elle puisse exercer
pour empêcher les électricités situées sur les
deux corps hétérogènes de se joindre ; ce maximum varie dans les différens *couples*. On appelle *couple* ou *paire* la réunion de deux corps
hétérogènes ; ainsi le contact de la plaque de
cuivre et de la plaque de zinc forme un couple ,
chacun de ces corps s'appelle *élément* du couple.

Ces principes étaient nécessaires à poser pour
faire comprendre la pile de Volta ; c'est un des
instrumens les plus précieux pour la chimie, par
les compositions et les décompositions qu'il opère,
et par toutes sortes de phénomènes curieux qu'il
produit ; on le forme en réunissant plusieurs
couples comme nous allons l'indiquer.

6*

PILE DE VOLTA.

La *fig.* 22 est celle de la pile à colonne, c'est la première que le physicien Volta de Pavie ait construite. En commençant par le bas, le premier couple est posé sur le sol, que nous supposons touché par la plaque de cuivre. La force électro-motrice développe deux quantités égales d'électricité, l'une positive sur le zinc, l'autre négative sur le cuivre, qui, étant en contact direct avec le sol, peut-être considéré comme ne renfermant pas d'électricité. En désignant par 1 la quantité d'électricité due à la force électro-motrice, le premier élément zinc aura 1 d'électricité positive et l'électricité négative du cuivre s'en ira dans le sol. (On sait que + est en mathématiques le synonyme de plus. Les physiciens dans leurs calculs représentent par ce signe *plus* + l'électricité positive ou vitrée, et par le signe *moins* — l'électricité négative ou résineuse. Ainsi *électricité* + est donc synonyme d'électricité positive ou vitrée, *électricité* — l'est d'électricité résineuse ou négative. Il n'est pas besoin d'avertir que c'est tout-à-fait arbitraire, et que c'est seulement, quand on en avertît d'une manière toute spéciale, que ces signes ont cette valeur ; car autrèment dans les calculs ordinaires ils n'indiquent que *plus* et *moins*, sans renfermer aucune idée d'électricité.)

Si l'on pose une rondelle de drap ou de carton mouillée sur le premier couple et par dessus un second couple cuivre et zinc disposé comme le premier; l'électricité du premier élément zinc passera au travers de la rondelle mouillée (qui joue comme on voit le rôle de conducteur), ira

neutraliser l'électricité négative du cuivre, et de
plus, pour être en équilibre avec ce disque, lui
communiquera une quantité d'électricité égale
à celle qu'il renferme. Le second disque de cuivre, aura donc aussi. 1 d'électricité positive,
comme on le voit dans la figure ; le disque zinc,
en contact avec le second disque de cuivre, recevra aussi 1 d'électricité positive qui, jointe à la
quantité 1 qu'il avait déjà par la seule force électro-
tro-motrice fera 2 d'électricité positive pour le second disque de zinc. Toute cette électricité positive de surplus est fournie par la force électro-
motrice du premier couple, dont l'électricité négative s'écoule sans cesse dans le sol.

En continuant à placer des rondelles humides
puis des couples disposés comme les premiers.,
on trouvera que le disque de cuivre du troisième
couple aura 2 d'électricité +, le disque de zinc,
3, et ainsi de suite ; au sixième couple le cuivre
aura 5 et le zinc 6, et toute cette électricité positive sera fournie par la force électro-motrice du
premier couple.

Si au lieu de disposer les couples en plaçant
l'élément cuivre en contact avec le sol, on y eût
mis l'élément zinc, on aurait eu de l'électricité
négative au lieu d'avoir de l'électricité positive
au sommet de la pile.

Sans l'emploi des conducteurs humides, tous
les élémens auraient la même charge électrique,
qui serait égale à celle qui se développe par le
contact de deux élémens.

Pile isolée. — Supposons deux. piles formées
d'un même nombre de couples, et toutes deux
en contact avec le sol, mais inverses l'une de
l'autre, c'est-à-dire reposant sur le sol par des

élémens différens, l'une par le cuivre et l'autre
par le zinc. Chaque pile ayant quatre couples, par
exemple, la première reposant par le cuivre sera
chargée à son sommet d'une quantité d'électricité
positive représentée par 4, et la seconde reposant
par le zinc sera chargée à son sommet d'une
quantité d'électricité négative représentée également par 4. (*Fig.* 23.)

D'ailleurs les quantités d'électricité qui se perdent dans le sol par le dernier élément de chacun des couples en contact avec le sol, sont absolument égales et de nature contraire, elles
pourraient donc au besoin se neutraliser, c'est-
à-dire se combiner ensemble pour former du
fluide neutre. Supposons donc qu'on cesse de
mettre chaque pile en contact avec le sol, qu'on
les isole en les faisant communiquer par leurs extrémités ; les électricités qui tout à l'heure se per-
daient dans le sol vont maintenant se neutraliser,
ce qui ne changera en rien les phénomènes que
l'on observait auparavant au sommet de chaque
pile. La réunion de ces deux piles a formé une pile
isolée dans laquelle les électricités des extrémités
sont de nature contraire, mais en quantité égale.
Au milieu, l'électricité est nulle, elle va toujours
en augmentant à mesure qu'on s'éloigne du milieu à droite et à gauche.

On pourra réunir les deux piles par les deux
disques inférieurs, en les séparant toutefois
par une rondelle mouillée qui établira la communication, l'on aura ainsi une pile isolée, de
huit paires ou de huit couples, dont les extrémités qui s'appellent *pôles* seront chargées d'électricités de nom contraire et en même quantité.
On appelle *pôle positif* l'extrémité où se trouve l'é-

lectricité positive, et *pôle négatif* l'extrémité où se trouve l'électricité négative.

Si l'on joint le pôle positif au pôle négatif par un fil, il s'établira dans ce fil un courant des deux électricités; la preuve c'est que si le fil est très fin, il deviendra rouge à cause de la chaleur produite par la jonction des deux électricités.

Plus le nombre des couples est considérable, plus la pile est puissante; la grandeur des surfaces de contact augmente la quantité d'électricité mais non pas sa tension, sa tendance à s'élancer, pour ainsi dire; cette tension dépend uniquement du nombre des couples et de la force électro-motrice, qui varie suivant les divers corps en contact.

Il y a diverses formes de la pile : la pile à colonne est la moins usitée; on connaît encore la *pile à auges* dans laquelle les élémens de chaque couple sont soudés entre eux, ils sont disposés les uns à la suite des autres et bien isolés par un mastic non conducteur; pour remplacer les rondelles mouillées, qui dans la pile à colonne établissent communication entre les divers couples, on verse dans les espaces qui les séparent, dans la pile à auges, une eau acidulée, c'est-à-dire mêlée avec de l'acide sulfurique (huile de vitriol) et de l'acide nitrique (eau forte, ou eau seconde). Cette addition d'acide augmente beaucoup l'effet de la pile.

La plus usitée aujourd'hui pour les expériences de chimie et de physique est la pile du docteur Wollaston. — Le principe sur lequel repose la construction de ces piles et toujours celui d'après

lequel nous avons formé la pile à colonne de
Volta; mais la forme est différente.

EFFETS DE LA PILE.

La pile produit des effets physiologiques, c'est-à-
dire qu'elle agit sur l'économie animale. Quand
on prend les deux pôles de la pile dans les deux
mains sèches, souvent on n'éprouve rien, mais
en mouillant les mains on éprouve une commotion continue qui se fait sentir, dans la main,
dans le bras, etc.; selon le degré d'énergie de l'instrument. Il pourrait y avoir du danger à recevoir cette commotion si le nombre des paires
était considérable.

On a remarqué que des courans électriques
rappellent quelquefois à la vie des animaux as-
phyxiés depuis plus d'une demi-heure, réveil-
lent les fonctions digestives suspendues par la sec
tion des nerfs qui se rendent à l'estomac, etc. --
Cependant, en général, les effets physiologiques
obtenus avec la pile sont peu satisfaisans.

Les effets physiques de la pile consistent dans
de grandes combustions, dans la fusion des métaux, dans leur volatilisation (réduction en vapeurs) lorsqu'on les place en fils déliés entre les
deux pôles de la pile.

Les effets chimiques de la pile sont très nom-
breux et tous de la plus haute importance. L'invention de la pile a été la source des plus belles
découvertes en chimie. En effet, aucun corps
composé ne résiste à cet instrument, il en sépare
les élémens : il décompose l'eau, les oxides, les
acides et les sels. Nous ne pouvons entrer dans
le détail de ces expériences diverses; nous nous
bornerons à dire que la première expérience de

décomposition de l'eau par la pile fut faite en
1800 par MM. Carlisle et Nicholson; en plongeant
les fils conducteurs communiquant aux deux pôles de la pile, dans un vase rempli d'eau, ils
s'apperçurent que l'eau était décomposée, en
oxigène qui se rendait au pôle positif, et en hydrogène qui se rendait au pôle négatif. Ainsi
l'eau est formée par la combinaison de ces deux
gaz. Comme l'oxigène se rend au pôle positif, il
faut qu'il ait l'électricité négative, puisque ce
sont les électricités contraires qui s'attirent, aussi
on lui donne l'épithète *d'électro-négatif*. Par
une raison analogue (semblable) on donne à l'hydrogène, l'épithète *d'électro-positif*. En général,
on dit d'un corps qui se rend au pôle positif de
la pile qu'il est électro-négatif et de celui qui se
rend au pôle négatif qu'il est électro-positif.

CHAPITRE V.

DU MAGNÉTISME.

On a fait des observations sur le magnétisme
dès la plus haute antiquité; cette partie de la
physique a pour objet tout ce qui concerne les
aimans. Le nom de magnétisme vient du mot
grec *magnès* (aimant) que les anciens donnèrent
au minéral qui jouit de la propriété d'attirer le
fer, et qui porte encore aujourd'hui le nom de
de *pierre d'aimant*. Ce minéral est un oxide de
fer dont il sera parlé en chimie.

On appelle *aimant* toute substance qui attire
le fer.

On appelle *aimant naturel* celui qui, tel qu'on le retire de terre, attire le fer.

On appelle *aimant artificiel* l'acier qui attire le fer, après certaines modifications qu'on lui a fait éprouver.

_ Les aimans naturels sont des *oxides de fer*. La vertu magnétique doit être attribuée à un fluide particulier, le fluide magnétique qui, comme nous le verrons, a beaucoup d'analogie avec le fluide électrique, dont il n'est probablement qu'une variété. Ce fluide est interposé entre les molécules de l'aimant.

Le fer n'est pas le seul métal attiré par les aimans; deux autres métaux, le *cobalt* et le *nikel* sont aussi attirés, mais plus faiblement que le fer.

Quand on roule un aimant dans de la limaille de fer et qu'on l'en retire ensuite, on la voit s'attacher inégalement aux diverses parties de sa surface. On donne le nom de *pôles* aux deux points opposés sur lesquels la limaille s'est fixée en plus grande abondance. On appelle *ligne moyenne* le milieu de l'aimant où il ne s'attache point de limaille. (*Fig.* 24.)

L'isolement n'est pas nécessaire à la conservation du magnétisme comme à celle de l'électricité. Le contact des substances étrangères ne fait rien perdre aux aimans, c'est là une différence avec l'électricité qui se communique au contact; mais il y a de grands points d'analogie, entre autres nous dirons que le magnétisme s'exerce par influence.

En effet, si l'on présente à un aimant un morceau de fer non magnétique, le fer s'y attache et devient complétement magnétique; la preuve, c'est qu'en jetant sur le fer de la limaille, elle s'y fixe et montre qu'il a deux pôles et une ligne moyenne. Dans ce cas, le fluide magnétique de l'aimant a décomposé le fluide neutre du fer et l'a rendu sensible. Le fer détaché de l'aimant perd toutes ses qualités magnétiques. L'acier offre des phénomènes analogues, mais il ne perd pas instantanément sa vertu magnétique lorsqu'on le détache de l'aimant, aussi l'on dit qu'il a une force *coërcitive*, c'est-à-dire qui retient le magnétisme. Le fer battu, tordu, tourmenté en différens sens, prend la force *coërcitive*, qui empêche la recomposition des deux fluides magnétiques en fluide neutre. On appelle *fer doux* le fer qui n'a pas de force coërcitive.

Si l'on a une aiguille aimantée se mouvant sur un pivot, qu'on présente à l'une de ses extrémités le pôle d'un aimant et que l'aiguille soit attirée, elle serait repoussée si l'on présentait le même pôle à l'autre extrémité; cela vient de ce que le fluide magnétique se divise en deux espèces, de même que le fluide électrique, et que les fluides de même nature se repoussent tandis que les fluides de nature contraire s'attirent.

Une aiguille aimantée se mouvant horizontalement sur un pivot ne peut être en repos que lorsque l'une de ses extrémités se tient constamment tournée vers le nord, comme si vers ce point il y avait le pôle d'un aimant qui l'attirât; ceci montre que l'action du globe sur une aiguille aimantée peut être comparée à celle d'un aimant. On appelle pôle *boréal* le pôle de cet aimant qui se tourne vers le nord, et pôle austral celui qui se tourne vers le sud (ces noms ont été appliqués ensuite à tout aimant), et comme ce

sont les magnétismes de nom contraire qui s'attirent, le pôle austral de l'aiguille se dirige vers
le pôle boréal de la terre, et au contraire le pôle
boréal de l'aiguille est attiré par le pôle austral.

On appelle *méridien magnétique* le plan qui
passe par le centre de la terre et la ligne qui
joint les pôles de l'aiguille aimantée. On sait aussi
que le méridien terrestre d'un lieu est le plan
qui passe par l'axe de la terre et le lieu désigné.
Cela dit : la *déclinaison* de l'aiguille aimantée est,
dans chaque lieu, l'angle que fait le plan du
méridien terrestre avec le plan du méridien magnétique. A Paris la déclinaison est de 22° environ à l'ouest.

Tout instrument destiné à observer la déclinaison est une *boussole de déclinaison*. (*Fig*. 25.)

La déclinaison varie dans les différens lieux
de la terre.

On appelle *inclinaison* l'angle que fait avec la
direction CD de l'horizon une aiguille aimantée
AB librement suspendue par son centre de gra-
vité. Tout instrument qui sert à l'observer est
une boussole *d'inclinaison*. (*Fig*. 26.)

La terre étant un véritable aimant doit agir
par influence sur le fer doux comme un aimant.
Et en effet, si l'on met une barre de fer dans la
direction d'une aiguille d'inclinaison, cette barre
acquiert instantanément les deux pôles magnétiques ; ces pôles sont dirigés comme ceux de l'aiguille d'inclinaison. Le renversement de la barre
produit le renversement des pôles (*fig*. 26). On
constate l'état magnétique de la barre en présentant le même pôle d'une aiguille aimantée aux
deux extrémités ; l'aiguille est repoussée par
l'une et attirée par l'autre. On peut fixer les

pôles en frappant quelques coups de marteau
sur le haut de la barre, ce choc arrête les fluides
qui tendraient à se réunir, le fer acquiert ainsi
une force coërcitive, mais elle dure peu. En
soustrayant la barre de fer à l'action du globe,
c'est-à-dire en cessant de la mettre dans la position où on l'avait placée, tout effet magnétique
cesse.

Aux pôles, l'inclinaison de l'aiguille aimantée
est verticale, l'aiguille horizontale y est en équilibre dans toutes les positions.

On appelle équateur magnétique la série des
points de la terre où l'inclinaison est nulle,
c'est-à-dire des lieux où l'aiguille d'inclinaison
ne baisse ni vers le nord ni vers le sud, et reste
horizontale.

AIMANTATION.

Pour aimanter un morceau d'acier, il ne suffit
pas de lui faire toucher un aimant; il faut, pour
que l'aimentation soit forte et durable, frotter,
à partir du milieu, chaque moitié du morceau
d'acier avec les pôles différens des deux aimans
que l'on fait marcher en même temps avec les
deux mains. Il y a d'autres détails et d'autres
procédés sur lesquels nous ne nous étendrons pas.

La trempe a une grande influence sur l'ai-
mantation, car elle augmente beaucoup la force
coërcitive de l'acier, c'est-à-dire la puissance avec
laquelle il s'oppose à la recomposition des fluides,
une fois qu'ils sont décomposés, et qu'ils se trouvent ainsi en état d'attirer le fer.

La chaleur fait perdre aux aimans leurs propriétés magnétiques. Un aimant naturel ou artificiel chauffé au rouge cesse de posséder la puis-

, sance magnétique, même lorsqu'il est refroidi.

On peut *nourrir* les aimans, c'est-à-dire les charger chaque jour davantage de manière qu'au bout d'un certain temps ils portent un poids assez considérable; l'expérience se fait très bien avec l'aimant en fer à cheval représenté *figure* 27.

Il paraît que chaque petite charge additionnelle détermine une nouvelle décomposition de fluide magnétique. dont la puissance attractive augmente ainsi avec sa quantité. Si l'on charge trop, le poids tombe et l'aimant devient plus faible qu'il ne l'était même avant qu'on ne commençât à charger : cela est dû à une grande recomposition des deux fluides. On peut cependant rendre une grande force à l'aimant en le nourrissant de nouveau.

L'aiguille, aimantée éprouve des variations périodiques tous les jours. Ainsi, à Paris, le matin au lever du soleil, le pôle austral de l'aiguille éprouve une déviation à l'ouest. Cela continue jusqu'à trois heures environ de l'après midi, où l'amplitude de variation est à son maximum, qui d'ailleurs n'est pas le même chaque jour; puis l'aiguille rétrograde jusqu'à dix ou onze heures du soir, et elle reste stationnaire jusqu'au matin.

L'aiguille aimantée est soumise aussi à des perturbations; ainsi les aurores boréales font sentir à de très grandes distances leur influence perturbatrice sur les aiguilles aimantées. Les tremblemens de terre, les éruptions volcaniques, sont dans le même cas, et l'on a vu des dérangemens permanens produits par ces phénomènes. Le tonnerre en tombant sur les vaisseaux peut renverser les pôles des aiguilles des boussoles. — D'ailleurs il ne paraît pas que les ouragans, les neiges, les orages, aient aucune influence sur l'aiguille aimantée.

CHAPITRE VI.

ACOUSTIQUE. *

L'acoustique est la partie de la physique où l'on s'occupe du son. L'acoustique prend le son à l'origine de sa formation, le suit dans ses propriétés et sa propagation jusqu'au moment où il frappe l'oreille. Là cesse l'acoustique et commence la musique, qui a pour but de produire sur l'oreille telle ou telle impression, qui agit ensuite sur l'ensemble du système nerveux et sur l'esprit.

Le son est le résultat de certains mouvemens *vibratoires* produits dans les molécules des corps solides, c'est-à-dire le résultat de petits mouvemens de va-et-vient plus ou moins rapides qu'exécutent les molécules des corps. Ces vibrations sont communiquées à l'air qui vibre lui-même de proche en proche et transmet ainsi à la membrane du tympan située dans l'oreille, les mouvemens exécutés par le corps solide ; c'est alors que le cerveau éprouve la sensation de tel ou tel son.

Plus un corps est élastique, c'est-à-dire plus ses molécules peuvent vibrer, et plus il est sonore ; le cuivre frappé fait plus de bruit, est plus sonore que la terre glaise, parce que l'un est très élastique et que l'autre ne l'est pas.

On distingue le *bruit* du *son musical*. Le pre-

* Ce nom vient d'un mot grec qui signifie *entendre*.

7*

mier est produit par une seule vibration instantanée, le second est produit par une série de vibrations régulières.

Le son étant produit par la transmission à
notre oreille de mouvemens vibratoires, il est
clair que nous ne pouvons le recevoir, l'entendre
qu'autant qu'il existe de l'air ou un fluide
d'une certaine densité entre notre oreille et le
point où s'exécutent les vibrations. On le prouve
d'ailleurs en plaçant dans le vide un petit instrument qui consiste en un timbre d'horlogerie
frappé par un petit marteau, alors on n'entend
absolument rien; mais si l'on fait rentrer de
l'air dans la cloche où l'on a fait le vide, aussitôt le bruit devient très sensible et de plus en
plus fort à mesure qu'il entre de l'air.

La différence entre un son *grave* et un son
aigu consiste en ce que le premier est produit
par un petit nombre de vibrations, tandis que le
son aigu est produit par un nombre de vibrations beaucoup plus grand.

Suivant l'opinion de M. Savart, le véritable
créateur de l'acoustique moderne, les sons les
plus graves que l'oreille puisse percevoir sont
ceux qui sont formés de trente-deux vibrations
par seconde, comme une corde tendue que l'on
pincerait et qui ne produirait que 32 mouvemens de va-et-vient; les sons qui seraient formés
par un plus petit nombre de vibrations ne sont
pas sensibles à l'oreille de l'homme. De même
les sons les plus aigus ne doivent pas avoir plus
de 24 mille vibrations par seconde pour être
perçus. Le célèbre docteur Wollaston a été conduit par là à penser que les petits insectes pouvaient bien avoir dans leur conformation les

moyens de produire des sons qui fussent entre
eux un moyen de communication, mais que ces
sons étaient tellement aigus que nous ne les
entendions pas.

Tous les sons, quelle qu'en soit la nature, se
propagent avec la même vitesse. Voilà pourquoi
un concert, entendu à des distances très différentes, présente toujours la même harmonie; ce
qui n'arriverait pas si chaque son avait une vitesse de propagation particulière.

On a fait beaucoup d'expériences pour mesurer la vitesse du son, c'est-à-dire l'espace qu'il
parcourt dans une seconde. La vitesse la plus
exacte a été déterminée par les membres du Bu-
reau des Longitudes en 1822, sur la proposition
de l'immortel de Laplace. Deux stations s'éta-
blirent dans la nuit, l'une à Villejuif, l'autre à
Montlhéry, près de Paris, chacune avec un
canon de même calibre et des gargousses de
même poids. On était convenu que chaque sta-
tion tirerait un coup de canon de dix minutes
en dix minutes, et que l'une commencerait cinq
minutes avant l'autre; c'était un moyen de
s'assurer de l'influence des agitations de l'air et
de celle du vent sur le son. Chaque fois qu'on
apercevait la lumière, on commençait à noter le
temps jusqu'à ce que le bruit vînt frapper l'o-
reille. Le son allait aussi vite de Montlhéry à
Villejuif, que de Villejuif à Montlhéry; en divisant l'espace parcouru par le nombre de secondes employé à le parcourir, on trouva que
le son parcourt dans une seconde 340 mètres. Ainsi, par exemple, supposons qu'un canon soit placé à cinq mille cent toises de distance (environ deux lieues ordinaires), et

que le canon fasse feu ; si l'on prend, à l'instant
où brille la lumière, note sur une montre
qui marque les secondes de l'heure exacte qu'il
est, et qu'on en prenne également note aussitôt que le bruit arrive à notre oreille, nous
trouverons qu'il s'est écoulé environ quinze secondes pendant cet intervallé ; puis divisant
5,100 qui est l'éspace parcouru par 15 (nombre
des secondes) on trouve pour quotient 340. Donc
le son parcourt 340 mètres par seconde.

Et réciproquement la connaissance de la vitesse du son fournit un moyen d'éstimer d'une
manière assez exacte ; la distance à laquelle ou
se trouve d'une ville assiégée, d'un fort et de
tout lieu où se produit un bruit avec une lumière ; il suffit de multiplier par 340 mètres le
nombre de secondes et de fractions de secondes
qui s'écoulent depuis l'instant où l'on aperçoit
le feu d'un canon ou du tonnerre, par exemple,
et celui où le bruit arrive à l'oreille.

Le son ne se propage pas seulement dans l'air;
les liquides et les solides le propagent encore
très bien, et même beaucoup mieux que l'air.

Lorsqu'on plonge un corps solide dans l'eau,
et qu'ou lui imprime des vibrations sonores, que
l'on frappe, par exemple une cloche de verre
avec un marteau, les vibrations de la cloche se
communiquent à l'eau qui les propage très rapidement. Il résulté des expériences de MM. Sturm
et Colladon, que la vitesse de propagation du
son dans l'eau est de 1453 mètres par seconde.

Les solides propagent le son un peu mieux encore que les liquides et par suite que l'air. Ceci
explique pourquoi on peut entendre des coups
de canon tirés à 20 ou 30 lieues de distance en

baissant l'oreille contre terre, tandis qu'on ne
les entend pas dans l'air.

RÉFLEXION DU SON. — ÉCHOS.

Lorsque l'air est en vibration et qu'il rencontre
une muraille, un obstacle, ses vibrations sont
renvoyées ou *réfléchies* par l'obstac!e, ou en
d'autres termes le son est réfléchi en faisant l'angle d'incidence égal à l'angle de réflexion; c'est
la loi que suivent les corps élastiques (voir la MÉ-
CANIQUE), c'est la loi que suit la chaleur comme
nous l'avons déjà vu; nous la retrouverons encore dans la lumière.

La réflexion du son produit les *échos*. Pour
qu'il y ait écho, il faut que le son soit renvoyé,
par un obstacle qu'il rencontre, au point d'où il
est parti, et pour cela il faut que cet obstacle
soit perpendiculaire à sa direction; il faut enfin
que l'obstacle soit éloigné de 340 mètres au
moins, pour qu'on entende clairement les mots
renvoyés par l'écho : en effet, on prononce 7 ou
8 syllabes dans deux secondes; or dans une seconde le son parcourt 340 mètres, donc si l'écho
est à 340 mètres, on finira de prononcer la hui-
tième syllabe quand on entendra la première renvoyée par l'écho; s'il était plus rapproché il ren-
verrait les syllabes presque aussitôt après leur
prononciation, et souvent on prononcerait la fin
d'un mot au moment même ou le commence-
ment serait réfléchi; l'écho serait donc inintel-
ligible.

Les échos multiples, c'est-à-dire les échos qui
renvoient plusieurs fois le même son, doivent
cette propriété curieuse à deux ou plusieurs obs-
tacles entre lesquels est placé l'observateur; le

son étant renvoyé plusieurs fois d'un obstacle à l'autre frappe plusieurs fois aussi l'oreille de l'observateur. On cite des échos où le même son est répété jusqu'à quarante fois.

Le son se propage beaucoup mieux la nuit que le jour, et dans les temps froids mieux que dans les temps chauds. En effet, durant le jour, il y a dans l'air, à cause du soleil, une multitude de courans ascendans et descendans ; le son rencontrant ainsi des couches d'air de densités différentes, se réfléchit partiellement à leur surface et perd de son intensité ; durant la nuit, les courans n'existent pas, aussi le son se propage-t-il alors sans altération.

C'est sur la réflexion du son que sont fondés les cornets acoustiques, espèce d'entonnoir auquel on donne une forme plus ou moins agréable et dont la pointe s'introduit dans l'oreille pour y porter les sons recueillis par la partie évasée ou pavillon.

DE LA VOIX.

Chez l'homme, la voix se forme de l'air contenu dans la poitrine dont il est chassé par les muscles de l'expiration. A cet effet, l'air inspiré par le poumon et contenu dans la poitrine en est chassé par la contraction qu'éprouvent ces cavités, passe dans un conduit appelé *trachée-artère*, qui est formé d'anneaux cartilagineux et flexibles. A l'extrémité de ce canal sont deux lames membraneuses, tendues et de forme rectangulaire, dont trois des bords sont fixés aux parois mêmes de la trachée-artère, et les plans sont placés presque parallèlement l'un à l'autre et à une petite distance. Alors l'air, chassé de la

poitrine avant de s'échapper par la bouche, est
forcé de passer par l'intervalle que laissent entre
elles les lames. Ce système de deux membranes,
qui peut-être assimilé à une anche dont les lames
seraient contractiles et élastiques, a reçu le nom
de *glotte*, tandis que le lieu de la trachée où
cet appareil est placé ainsi que les pièces qui
l'accompagnent s'appellent *le larynx*. On a
nommé *épiglotte* une membrane ovale, élastique, ressemblant à une langue qui, fixée par
sa base, serait susceptible de prendre dans la
trachée divers mouvemens, en s'élevant ou en
s'abaissant sur la glotte pour modifier la vitesse
de l'air qui en sort. Cette membrane vibre en
même temps que la glotte; et comme l'air, après
avoir dépassé l'épiglotte, ne trouve plus d'obstacle, il arrive dans le gosier et enfin dans la
bouche pour s'échapper au dehors.

Les animaux à poumons (les mammifères,
les oiseaux, les reptiles) sont les seuls qui aient
une véritable voix.

Les mammifères et les reptiles n'ont, comme
l'homme qu'une seule glotte placée tout près de
la bouche.

Chez les oiseaux, l'organe de la voix se
trouve à l'origine des bronches; aussi lorsqu'on
coupe le cou à un oiseau criard, à un canard par
exemple, très loin de la tête, il continue de
crier pendant quelques temps comme auparavant.

Lorsque l'on parle, le voile du palais recouvre
le trou des fosses nasales; de cette façon l'air
mis en vibration dans le larynx ne sort que par
la bouche; mais chez certaines personnes le
voile du palais ne recouvre pas assez bien les

fosses nasales, une portion de l'air s'échappe
par le nez, ce qui donne à ces personnes un ac-
cent désagréable et les fait *parler du nez*.

CHAPITRE VII.

DE L'OPTIQUE *.

Cette partie de la physique s'occupe des phénomènes de la lumière. Il existe deux systèmes
pour expliquer la lumière, c'est-à-dire l'impression produite sur la vue par les différens corps.
Ces deux systèmes demanderaient un long espace pour être développés et discutés en détail ;
nous nous bornerons à dire quelques mots sur
l'un et l'autre. Suivant Newton, la lumière est
une substance particulière lancée dans l'espace,
par les corps lumineux, avec une vitesse extrêmement grande; chaque point de ces corps lance
une multitude de rayons, c'est-à-dire de petites
molécules lumineuses qui se suivent en ligne
droite et s'écartent de plus en plus à mesure
qu'ils s'éloignent du point lumineux, ou en
d'autres termes qui vont en *divergeänt*.

Suivant d'autres physiciens, à la tête desquels
se trouvent Descartes, Grimaldi, Huygens,
Euler, la lumière serait produite par des mouvemens excités dans un milieu très élastique
qu'ils ont appelé *éther*, de la même manière
que se produit le son dans l'air et dans les gaz ;
mais avec une rapidité incomparablement plus

Le mot *optique* vient d'un mot grec qui signifie *vo.r*.

grande, et qui tiendrait à la ténuité excessive de l'éther. Cette substance remplit tous l'espace céleste, et jouit d'une ténuité et d'une élasticité extrêmes; douée d'inertie, elle est sans pesanteur; elle pénètre tous les corps, et y existe probablement à un degré particulier de condensation pour chacun d'eux.

Dans ce système, l'*intensité de la lumière* dépend de l'intensité des vibrations de l'éther, et sa *nature*, c'est-à-dire, la sensation de la couleur qu'elle produit dépend de la *durée des oscillations* des molécules d'éther, de même que l'intensité des sons ne dépend que du plus ou moins d'énergie des oscillations de l'air ou du corps sonore qui met ce fluide en vibration, tandis que la nature des sons est déterminée par la durée de chacune des oscillations. Une *oscillation lumineuse* est formée par l'allée et le retour d'une molécule d'éther. Lorsqu'une molécule d'éther oscille, le mouvement qu'elle exécute se propage très rapidement tout autour d'elle dès l'instant que commence son oscillation. On appelle *ondulation* toute la masse d'éther mise en mouvement par une seule oscillation d'une molécule d'éther. C'est pour cela que l'on dit en parlant du système qui nous occupe maintenant : *système des ondulations*. L'ébranlement produit en un point quelconque d'une masse d'éther se propage dans tous les sens, et forme des sphères de plus en plus grandes, comme la pierre jetée dans l'eau forme des ronds de plus en plus grands.

Il y a beaucoup d'analogie entre la chaleur et la lumière; on pense même que ces deux agens de la nature sont dus à la même cause; cependant il n'y a encore rien de bien décidé à cet égard.

La *vitesse* de la lumière est de 70 mille lieues par seconde; elle est la même que celle de la chaleur. Roëmer en fit la découverte en 1675, en examinant les éclipses du premier satellite de Jupiter.

De l'ombre et de la pénombre : Quand un corps opaque est en présence d'un corps lumineux, il ne peut jamais être éclairé en totalité. Par exemple, si le corps A (*fig.* 28) éclaire le corps B, et que l'on mène des lignes comme on les voit tracées, l'ombre pure sera comprise dans la partie *b a c d*, et la *pénombre* dans les angles *bab' dcd'*. On voit que la pénombre n'est éclairée que par une partie du corps, et elle l'est de plus en plus à mesure qu'on s'écarte de l'ombre pure.

La lumière décroît en raison inverse du carré de la distance comme la chaleur; son intensité dépend aussi de l'inclinaison de la surface qui la reçoit par rapport à la direction des rayons.

RÉFLEXION DE LA LUMIÈRE, OU CATOPTRIQUE.

La lumière se réfléchit comme la chaleur : on appelle *catoptrique* la partie de l'optique où l'on s'occupe de la réflexion.

Si l'on fait tomber des rayons lumineux sur une glace polie AB (*fig.* 29), voyons ce qui arrive. Supposons un point M qui envoie des rayons sur la glace AB, il suffit de prendre deux de ces rayons pour faire comprendre que le point M sera vu comme s'il était derrière la

glace. Ces deux rayons vont frapper la glace,
sont réfléchis par elle en faisant l'angle d'incidence égal à l'angle de réflexion, et vont frapper
l'œil de l'observateur, c'est-à-dire que l'angle
MEB est égal à l'angle AEZ. Or, comme l'œil voit
toujours l'objet dans la direction des rayons lumineux, il verra le point M au point M' qui se
trouve au point de rencontre du prolongement
des deux rayons réfléchis; par de simples rai-
sonnemens de géométrie élémentaire, on trouve
que ce point M' est situé au-dessous de la glace à
la même distance que celle à laquelle le point
M est situé au-dessus.

D'après cela, pour savoir comment une flèche
ab sera vue dans une glace AB, il suffit d'abaisser des perpendiculaires des extrémités a et b
sur la glace, et de prolonger ces perpendiculaires en a' b' au-dessous de la glace comme elles
le sont au-dessus, et l'on voit que l'image réfléchie de la flèche est symétrique de la flèche
réelle. (*Fig.* 3o).

C'est par une construction semblable que l'on
comprendra pourquoi les arbres, les plaines, etc.,
sont vus renversés dans l'eau.

Lorsque deux glaces sont parallèles et oppo-
sées, on voit dans chacune de ces glaces une
suite indéfinie d'images des objets qui se trouvent dans le lieu où elles sont placées, cela tient
aux réflexions successives des rayons lumineux
envoyés par ces différens objets.

RÉFLEXIONS SUR LES MIROIRS SPHÉRIQUES, CONCAVES ET CONVEXES.

Les miroirs sphériques ne donnent une image
nette de l'objet placé devant eux, qu'autant que

les rayons lumineux envoyés par cet objet tombent presque perpendiculairement sur leur surface ; pour satisfaire à cette condition, on ne donne aux miroirs qu'un petit nombre de degrés de la sphère plus ou moins grande sur laquelle ils sont travaillés. Lorsque des rayons lumineux arrivent sur un miroir poli, ils sont réfléchis, et l'œil voit les objets d'où émanent ces rayons, d'une manière différente suivant que le miroir est concave ou convexe. On appelle *axe* d'un miroir toute ligne menée par le centre de la sphère à laquelle appartient le miroir. (*Fig.* 31.)

Ainsi en supposant que C soit le centre de la sphère à laquelle appartient le miroir MM', AB sera un axe par rapport au point B, de même *ab*, *a' b'* seront des axes par rapport aux points *b*, *b'*.

Chaque point lumineux placé sur chaque axe envoie des rayons qui viennent se réfléchir sur ces axes en des points qu'on appelle *foyers.* Lorsque des rayons arrivent sur le miroir en restant parallèles à un axe, ils se réfléchissent sur un point qu'on appelle foyer *principal.* Ainsi des rayons qui viendraient frapper le miroir MM' parallèlement à l'axe AB, viendraient se réfléchir en un point F situé sur le milieu de AC.

En construisant les foyers particuliers à chacun des trois axes qui sont représentés dans la figure précédente, on voit qu'une flèche *bb'*, placée au-delà du centre, sera réfléchie par le miroir comme si elle était renversée et rétrécie. Si la flèche, au lieu d'être placée au-delà du centre, était placée entre le centre et le foyer principal,

on verrait, en faisant une construction analogue
à celle qui précède, que l'image réfléchie est
toujours renversée, mais qu'elle est plus grande
que l'objet réel. Ainsi, par exemple, si l'on
conçoit que dans la figure précédente l'image
$x z$ devient la réalité, bb' sera la réflexion
de $x z$.

Pour les miroirs convexes, les dénominations
de *foyer*, d'*axe*, sont les mêmes que pour les miroirs concaves. (*Fig.* 32.)

Le centre, les foyers, sont derrière le miroir, et
en faisant des constructions semblables à celles
qui ont été faites pour les miroirs concaves, on
voit qu'une flèche FF' est vue par réflexion
comme si elle était derrière le miroir en ff'.
Cette image est semblable à la réalité, seulement
elle est plus petite. Voici comment il faut concevoir que l'image est vue derrière le miroir : un
rayon FR, lancé par le point F, est réfléchi suivant RT, mais l'œil le voit dans la direction de
son prolongement R f. Nous avons trouvé quelque chose de semblable dans la réflexion des
glaces.

RÉFRACTION DE LA LUMIÈRE, OU DIOPTRIQUE.

Lorsqu'un rayon de lumière tombe oblique-
ment sur la surface d'un corps diaphane trans-
parent, comme l'eau, le cristal de roche, le
verre, etc. ; il éprouve en entrant dans ce corps
une déviation à laquelle on a donné le nom
de *réfraction*. (*Fig.* 33.)

Concevons un milieu diaphane MM', dans lequel
entre un rayon lumineux R S ; le rayon, en pé-

nétrant dans ce milieu que nous supposons plus dense que l'air, se rapprochera de la perpendiculaire TT' et dirigera sa route suivant SR'. L'angle RST est l'angle d'incidence, et l'angle SR'T' est l'angle de réfraction.

Si le milieu MM' était moins dense que l'air, le rayon SR', qu'on appelle *réfracté*, s'éloignerait de la perpendiculaire au lieu de s'en rapprocher.

C'est par suite de la réfraction qu'un bâton placé dans l'eau semble brisé, que le fond d'un vase plein d'eau paraît relevé, etc. Pour comprendre tous ces phénomènes, il suffit de suivre la marche des rayons lumineux en ayant égard à leur réfraction; par exemple, pour concevoir comment le fond d'un vase paraît relevé (*fig.* 34.), considérons une portion AB du fond d'un vase. Les extrémités A et B lancent des rayons AC, BD, qui, en sortant de l'eau, s'écartent chacun des perpendiculaires élevées aux points C et D, parce qu'ils sortent dans un milieu moins dense que l'eau; ils ont les directions CE et DF. Mais l'œil voit l'objet dans le liquide, suivant ces directions, à des distances *Ca'*, *Db'* respectivement égales à CA et DB, et plus obliques que ces dernières, ce qui fait précisément que AB paraît relevé en *a' b'*.

On expliquera de la même manière pourquoi le plongeur qui ouvre les yeux dans l'eau voit les objets placés dans l'air à une distance plus éloignée que celle à laquelle ils se trouvent en effet. C'est la réfraction qui explique aussi comment on peut voir pendant quelques minutes le soleil et les astres, lors même qu'en réalité ils

sout déjà au-dessous de l'horizon. (*Voir* l'ASTRÓ-
NOMIE.)

DÉCOMPOSITION DE LA LUMIÈRE.

Lórsqu'après avoir fermé toute issue à la lumière dans une chambre, on ne laisse entrée
qu'à un mince faisceau FF' de rayons solaires et
qu'on le reçoit sur un prisme triangulaire ABC
(*fig*. 35) en verre, il arrive qu'en sortant du prisme
le faisceau a tout-à-fait changé de nature ; on aperçoit un magnifique assemblage en fòrme ovale
allongée des sept couleurs *rouge, orangé, jaune,
vert, bleu, indigo, violet*. On a donné le nom
de *spectre solaire* à cette réunion de sept couleurs : la lumière blanche en est une combinaison, la preuve, c'est qu'avec une lentille ou
grande loupe, on peut refaire la lumière blanche avec le spectre solaire ; on peut faire autrement l'expérience en collant sur un cercle
de carton des angles de papier des sept couleurs
placées dans l'ordre des couleurs du spectre
(*voy fig*. 36), et en fixant sur une planche avec
une épingle ce disque de carton, puis le faisant
tourner. Quand le mouvement est lent les couleurs paraissent ternes, et quand il est suffisamment rapide le carton paraît blanc.

Un rayon lumineux est donc une combinaison des sept rayons élémentaires qui sont mis
en évidence par le prisme, parce qu'ils sont
inégalement réfrangibles, c'est-à-dire parce
qu'ils se brisent différemment en passant d'un
milieu dans un autre.

DES LENTILLES.

Nous ne parlerons que des lentilles sphériques, c'est-à-dire des verres terminés par des surfaces sphériques. Elles peuvent être : 1° doublement convexes; 2° plan convexe ; 3° concave-convexe ; comme on le voit dans les figures, (*fig.* 37), ou bien elles peuvent offrir les trois formes suivantes (*fig.* 38) : 1° bi-concave; 2° plan concave; 3° concave-convexe, les deux surfaces de cette dernière allant en s'écartant, en divergeant. Chaque lentille du premier système fait converger les rayons lumineux, chaque lentille du second les fait diverger, par le fait seul de la réfraction, ainsi qu'on peut le voir en présentant, par exemple, une lentille bi-convexe et une lentille bi-concave, aux rayons du soleil, lesquels peuvent être considérés comme parallèles. La figure (*fig.* 39) montre que ces rayons parallèles vont se rencontrer derrière la lentille bi-convexe, en un point F (qu'on appelle foyer principal). Au contraire, ils vont en s'écartant lorsqu'ils sortent de la lentille bi-concave (*fig.* 40), et leur prolongement se rencontre en un foyer principal F situé du même côté que les rayons. Les rayons parallèles ne sont envoyés que par des corps lumineux situés à des distances infinies, comme le soleil et les astres. Lorsque les rayons cessent d'être parallèles, les lentilles continuent toujours d'être, la première convergente, la seconde divergente; seulement les foyers correspondans aux rayons émis par chaque point lumineux sont plus éloignés des lentilles que les foyers principaux.

Lorsqu'un objet est placé devant une lentille convergente ou divergente, à une distance plus ou moins grande, son image est vue généralement derrière la lentille convergente, renversée et plus petite que l'objet ; au contraire, si la lentille est divergente, l'image est vue du même côté que l'objet, elle n'est pas renversée, seulement elle est plus petite ; c'est ce que montre les constructions indiquées. *figures* 41 , 42 , 43 et 44.

Les deux premières figures sont tracées pour servir à l'intelligence des deux dernières. Si l'on veut savoir à quel point viendront se réunir les rayons émanés des points lumineux M placés devant une lentille bi-convexe et bi-concave, il faut mener dans les deux cas un axe MC par le point lumineux et le centre de la lentille. Dans la première figure tous les rayons MA, MB, etc., émanés du point M, viendront converger au foyer *m* placé sur l'axe MC. Dans la fig. 42 tous les rayons MA , MB, etc., émanés du point M, iront en divergeant au sortir de la lentille ; mais l'œil placé derrière elle, verra en avant le point *m* image du point M sur l'axe MC, donnée par le prolongement des rayons divergens. Ce point *m* est le foyer correspondant au point M sur l'axe MC.

Si maintenant l'on veut savoir comment l'image d'une flèche MN sera donnée par une lentille convergente et par une lentille divergente, il suffira de mener les axes MC , NC correspondant aux extrémités M et N de la flèche, et de tracer les foyers de ces points. On aura par ce moyen les effets dont nous avons parlé, et que les figures 43 et 44 montrent très clairement.

Nous allons nous y arrêter avec quelques détails : la lentille divergente donne une image droite rapetissée et rapprochée. Si l'on fait abstraction des objets environnans en plaçant la lentille dans un tube, et regardant par ce tube

avec un œil, l'autre étant fermé, tous les objets
paraissent alors très éloignés.

La lentille convergente offre des effets remarquables suivant les positions de l'objet par rapport à elle. Nous avons déjà dit que lorsque les
rayons émanent d'un objet situé à une distance
infinie, cet objet a son image située au foyer
principal. A mesure que l'objet se rapproche, l'i-
mage augmente et s'éloigne du foyer principal
derrière la lentille; quand la distance de l'objet
à la lentille est double de la distance focale (c'est
la distance du foyer principal à la lentille), l'i-
mage égale en grandeur l'objet. L'objet appro-
chant toujours, l'image est plus grande que lui;
lorsqu'il est éloigné de la lentille par la seule
distance focale, l'image est infinie et située à
une distance infinie. Enfin, si l'objet approche
encore un peu de la lentille, l'image passe du
côté opposé, elle est droite, plus grande que
l'objet, et se rapproche de la lentille, en dimi-
nuant à mesure que l'objet avance lui-même.
Cet effet de grossissement permet de comprendre
comment il est possible, avec des instrumens
d'optique où sont combinées les positions de
lentilles convergentes, d'amplifier les dimensions des objets qui se présentent trop petits à
notre vue pour être observés commodément.
Les lunettes, les microscopes, etc., dont nous ne
pouvons parler faute d'espace, n'ont pas d'autre
principe. (Voyez les *Amusemens de physique.*)

DE L'ŒIL.

Sans entrer dans une étude approfondie de
l'œil, nous dirons que dans les animaux les

mieux organisés, c'est une masse à peu près sphérique, un peu aplatie en avant. Il est formé de plusieurs enveloppes que nous ne nommerons pas ici, d'humeurs, de muscles pour le mouvoir, de paupières pour le protéger, etc. (*Fig.* 45). La partie principale est le *cristallin*, CD. C'est un corps solide, diaphane, qui a la forme d'une lentille. Tout objet AB placé devant l'œil va donc se dessiner renversé en *ab* sur la *rétine* qui tapisse le fond de l'œil, et qui n'est autre chose que l'épanouissement du nerf optique par lequel la sensation arrive au cerveau. Les images des objets se peignent renversées dans notre œil et plus petites que ces objets, et par suite les objets nous paraîtraient renversés eux-mêmes et plus petits si nous n'avions l'habitude, par le toucher, de rectifier notre jugement.

L'angle visuel d'un objet AB est l'angle AB que font les rayons menés des extrémités de l'objet à la prunelle. On voit que de cet angle dépend la grandeur de l'image *ab* produite sur la rétine; et comme plus l'objet est éloigné, plus l'angle est petit (*fig.* 45), plus aussi la sensation qu'il produira sur l'œil sera faible. C'est ce qui explique le rétrécissement apparent d'une longue galerie, d'un mur épais et long, d'une avenue d'arbres, etc. (*Voyez fig.* 46.)

Nous terminerons ce traité en indiquant comment l'usage des lentilles peut corriger les vues longues et courtes. On appelle *presbytes* les personnes à vue longue, c'est-à-dire qui ne peuvent

* *Presbyte* vient d'un mot grec qui signifie *vieillard*, parce qu'en effet les vieillards voient ordinairement avec plus de facilité les objets éloignés que ceux qui sont près d'eux; et ils éloignent de toute l'étendue de leur bras la lettre ou le volume qu'ils veulent lire.

voir distinctement que les objets éloignés ; .ce défaut leur vient de l'aplatissement du globe de l'œil. Les rayons émis par les objets situés à une distance ordinaire ne sont pas assez brisés, assez réfractés par le cristallin, et ne se croisent qu'au delà de la rétine, aussi le presbyte ne voit pas ces objets : on corrige sa vue par une lentille convexe qui augmente la convergence des rayons et les force à se croiser sur la rétine.

Au contraire, l'œil d'un *myope* * ne voit que les objets situés près de lui, il a la vue courte. Cela vient de ce que son cristallin est plus bombé que dans l'œil ordinaire ; par suite il réfracte davantage les rayons, qui, par cette raison, viennent se croiser, former foyer en avant de la rétine. Or, plus l'objet s'approchera de l'œil, plus le croisement des rayons, leur foyer, s'éloignera du cristallin et avancera près de la rétine; on conçoit alors que le myope doit mieux voir les objets qui sont près de lui, que ceux qui en sont éloignés. Au reste, un verre divergent peut corriger la vue courte.

Les personnes qui ne sont ni presbytes ni myopes voient distinctement les détails des objets à une distance de huit à dix pouces. Ce n'est pas que la faculté de voir n'ait lieu qu'à cette distance, car l'œil pouvant changer à volonté la distance entre le cristallin et la rétine, ou la courbure du cristallin, ou l'ouverture de la pupille, peut s'accommoder aux distances des objets jusqu'à certaines limites au-delà desquelles les images sont troubles et la vision très imparfaite.

* *Myope* signifie *œil de rat* en grec.

FIN DE LA PHYSIQUE.

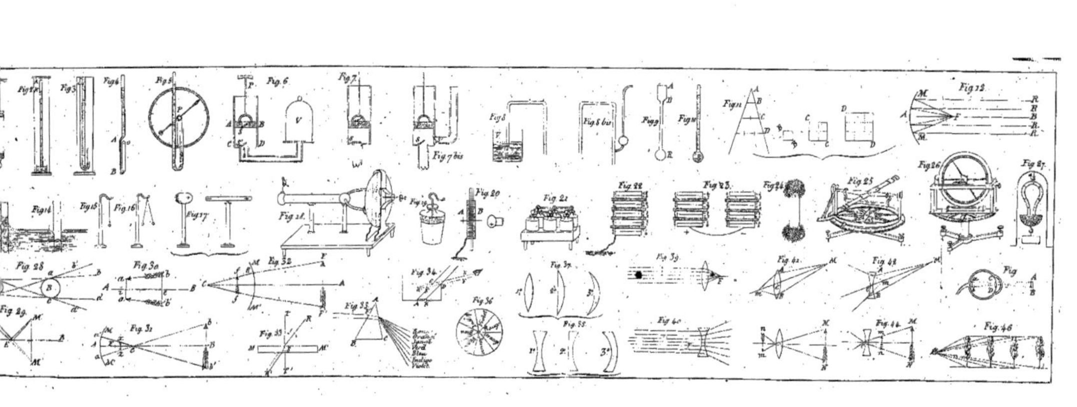